Mohammad Kaleem Galamali

Investigar os efeitos da tecnologia na ética no local de trabalho

Mohammad Kaleem Galamali

Investigar os efeitos da tecnologia na ética no local de trabalho

Perspectivas de uma orientação académica sobre o método de estudo dos efeitos da tecnologia na ética

ScienciaScripts

Imprint

Any brand names and product names mentioned in this book are subject to trademark, brand or patent protection and are trademarks or registered trademarks of their respective holders. The use of brand names, product names, common names, trade names, product descriptions etc. even without a particular marking in this work is in no way to be construed to mean that such names may be regarded as unrestricted in respect of trademark and brand protection legislation and could thus be used by anyone.

Cover image: www.ingimage.com

This book is a translation from the original published under ISBN 978-620-7-48753-0.

Publisher:
Sciencia Scripts
is a trademark of
Dodo Books Indian Ocean Ltd. and OmniScriptum S.R.L publishing group

120 High Road, East Finchley, London, N2 9ED, United Kingdom
Str. Armeneasca 28/1, office 1, Chisinau MD-2012, Republic of Moldova, Europe
Printed at: see last page
ISBN: 978-620-7-80277-7

Investigação dos efeitos da tecnologia na ética no local de trabalho.

Perspectivas de uma orientação académica sobre o método de estudo dos efeitos da tecnologia na ética.

Dr. Mohammad Kaleem GALAMALI

Agradecimentos

Escrever um manuscrito é uma aventura nobre, especialmente quando o tema em si, ou seja, a ética, está de acordo com a nobreza da sociedade. Um trabalho tão construtivo exige, sem dúvida, o apoio e o encorajamento incessantes das pessoas próximas do autor. Só depois de concluído o manuscrito é que se pode sentir a profundidade da realização.

Sendo crente, considero fundamental agradecer sinceramente a Deus pelos Seus intensos favores ao longo da minha vida e dos meus empreendimentos de investigação. Estou profundamente grato à minha mulher pelo apoio contínuo em casa para este trabalho de investigação, pelo brainstorming, pelas críticas pertinentes e pelo cuidado com os nossos três filhos. Um agradecimento especial aos meus pais por nos ajudarem a tomar conta dos nossos filhos durante os dias de trabalho e por todos os outros favores que nos concedem.

Os meus agradecimentos excepcionais vão para os meus orientadores de doutoramento, Professor Dr. Nawaz Ali Mohamudally e Professor Dr. Nimal Nissanke, pelas suas sessões muito dedicadas de aconselhamento e orientação. Um agradecimento especial a todos os meus alunos, que assistiram às minhas aulas de Ética e contribuíram com questões e críticas importantes que tornaram possível esta tarefa.

"Eu não sou um produto das minhas circunstâncias. Sou o produto das minhas decisões." - Stephen Covey

Dr. Mohammad Kaleem GALAMALI (PhD), Académico - Pensador visionário.

República da Maurícia, abril de 2024

Correio eletrónico: mkaleemg@gmail.com

WORKPLACE
ETHICS

Resumo

A ética é um termo historicamente antigo que remonta aos antigos gregos e egípcios [1]. É, no entanto, concebível que a noção tenha existido desde os primórdios da humanidade, tal como retratada em múltiplas religiões e contos folclóricos, e que, por conseguinte, tenha sido uma luta contínua desde então. Basicamente, a noção de ética tem a ver com fazer o bem em vez do mal e cultivar os atributos humanos da virtude e do bom carácter a todos os níveis da existência humana, incluindo pessoal, social, religioso, profissional, familiar e qualquer outra faceta da vida. Por conseguinte, o termo, na sua essência, não está desatualizado. Foram concebidos vários termos para aplicar a ética, como "Moralidade", "Honra" e "Em nome do Bem", entre outros, definidos em várias línguas e reflectidos por pessoas sábias ao longo de várias gerações. A caraterística comum sobre a qual os vários matizes da ética estão de acordo é fazer as coisas corretamente, reconhecendo que fazer o mal irá gerar múltiplas formas de sofrimento. Uma linha de base comum tem sido "Evitar prejudicar os outros!". Na sua essência, estes atributos de fazer as coisas bem devem refletir-se nas actividades quotidianas, incluindo os negócios diários, uma vez que os negócios são o meio predominante de funcionamento deste mundo. Assim, é crucial estudar e compreender a ética no local de trabalho nas proporções correctas e os efeitos da tecnologia no nosso ambiente de trabalho atual.

Por outro lado, a tecnologia, por mais modernizada que pareça, apesar de ser bastante recente, tem vindo a desenvolver-se a um ritmo avassalador e a alterar os modos de vida e os métodos de trabalho de muitas pessoas e comunidades em geral. A maioria dos agregados familiares dos países desenvolvidos e em desenvolvimento está fortemente equipada com máquinas e aparelhos. A máquina de lavar roupa, o forno de micro-ondas, o frigorífico, o congelador, os computadores/smartphones com Internet, entre muitos outros, são considerados os elementos básicos da sociedade moderna. No entanto, as preocupações com a tecnologia enquanto fator positivo para a sociedade estão a evoluir continuamente e não se resolvem como um todo. Embora as potencialidades da tecnologia continuem a ser grandes, a luta por uma vida ética ainda não terminou. Pelo contrário, muitos consideram-na uma preocupação crescente, ao ponto de resultar em más práticas e mesmo em guerras. A tecnologia está a trazer novas formas de poder, que está a ser distribuído pelas mãos de muitas pessoas, incluindo idosos, homens, mulheres, crianças e até animais de estimação (mediante treino). É claro que esta distribuição de poder está longe de ser uniforme.

É necessário estudar a ética ao longo da tecnologia, uma vez que cada tecnologia introduz novas formas significativas de poder e, por conseguinte, de acordo com a citação de Larry Niven "A ética muda com a tecnologia", as mudanças introduzidas por cada tecnologia devem ser bem delimitadas, pelo menos a nível académico. Os objectivos de tais estudos continuam a ser a melhoria da sociedade em geral. Este trabalho é uma continuação de um manuscrito anterior intitulado "Investigating Effects of Technology in Ethics Basics & Applications - An Academic Guidance Perspectives on Method of Studying Effects of Technology onto Ethics" [8].

Neste manuscrito, é referenciado o livro **"Business Ethics Tutorial", disponível para compra em versão PDF em** https://www.tutorialspoint.com/business_ethics/business_ethics_pdf_version.htm , mais precisamente a unidade 3, ou seja, Ética no Local de Trabalho. A metodologia aqui aplicada consiste em ler nas entrelinhas das notas pregadas nesse manual e formular/extrair e adaptar questões relativas à ética no que diz respeito a uma determinada tecnologia que está a ser estudada. É claro que todas as questões assim propostas podem não ter a mesma aplicabilidade para cada tecnologia em estudo: algumas questões podem ser mais pertinentes para uma tecnologia, enquanto outras podem ser mais pertinentes para outras tecnologias. Este elemento deve ser ponderado aquando do estudo da tecnologia escolhida. Por conseguinte, recomenda-se aos leitores que leiam este manuscrito juntamente com o manual de ética empresarial da tutorialspoint.

Exemplos de possíveis tecnologias a estudar incluem: A Internet, a conetividade com fios, a conetividade sem fios, as compras em linha, os telefones inteligentes, os sistemas de informação de gestão, o marketing na Web, os multimédia, o correio eletrónico, o fluxo contínuo de multimédia, a compressão de dados, o armazenamento de dados, a criptografia, a prospeção de dados e a inteligência artificial, entre muitos outros.

Este manuscrito enquadra-se, portanto, como um trabalho de orientação académica que ajuda académicos, estudantes, investigadores e juristas a estudar uma tecnologia nas suas intrincadas implicações éticas empresariais. Trata-se de um trabalho autónomo, embora haja influência de trabalhos publicados anteriormente sobre outras componentes da ética [2][3][4][5][8].

Glossary

AI	Artificial Intelligence.
BPR	Business Process Re-engineering.
CEO	Chief Executive Officer.
COVID	Corona Virus Disease.
GPS	Global Positioning System.
HCI	Human Computer Interaction.
HR	Human Resource.
ICT	Information and Communication Technology.
ML	Machine Learning.
QA	Quality Assurance.

1. **Dr. Galamali Mohammad Kaleem,** "The Clash of Introductory Academic Artificial Intelligence With Ethics - An Academic Analysis Perspective for Identifying Ethics Conflicts and Challenges in AI", **LAP LAMBERT Academic Publishing - membro do grupo OmniScriptum S.R.L Publishing, Moldávia, 22nd janeiro 2023,** ISBN : **978-620-5-63298-7**

2. **Dr. Galamali Mohammad Kaleem,** "Fears and Worries With Biases in Artificial Intelligence - An Academic Perspective for Ethical analysis of biases Possible with AI", **LAP LAMBERT Academic Publishing - membro do grupo OmniScriptum S.R.L Publishing, Moldávia, 23rd April 2023,** ISBN : **978-620-6-15783-0**

3. **Dr. Galamali Mohammad Kaleem,** "Shifting Business Ethics into Era of Technology - An Academic Perspective for Ethical analysis of biases Possible with AI", **LAP LAMBERT Academic Publishing - membro do grupo OmniScriptum S.R.L Publishing, Moldávia, 27rd agosto de 2023,** ISBN : **978-620-6-78002-1**

4. **Dr. Galamali Mohammad Kaleem,** "Ethics Analysis of 3 "Principles of Business Ethics" in Technology Era - Analysing "Service Before Profit", "Practice of Fair Business" and "Avoiding Monopoly"", **LAP LAMBERT Academic Publishing - membro do grupo OmniScriptum S.R.L Publishing, Moldávia, 13th novembro 2023,** ISBN : **978-620-6-84504-1**

5. **Dr. Galamali Mohammad Kaleem,** "Ethics Analysis of Fulfilling Customer's Expectation in Technology Era - An Academic Analysis Perspective for Identifying Business Ethics Conflicts and Challenges", **LAP LAMBERT Academic Publishing - membro do grupo OmniScriptum S.R.L Publishing, Moldávia, 21st novembro 2023,** ISBN : **978-620-6-84672-7**

6. **Dr. Galamali Mohammad Kaleem,** "Ethics Analysis of Respecting Consumers' Rights in Technology Era - An Academic Analysis Perspective for Identifying Business Ethics Conflicts and Challenges", **LAP LAMBERT Academic Publishing - membro do grupo OmniScriptum S.R.L Publishing, Moldávia, 30 de novembro de 2023,** ISBN : **978-620-7-44902-6**

7. **Dr. Galamali Mohammad Kaleem,** "Ethics Analysis of Consumers' Right to Choose in The Technology Era - An Academic Analysis Perspective for Identifying Business Ethics Conflicts and Challenges", **LAP LAMBERT Academic Publishing - membro do grupo OmniScriptum S.R.L Publishing, Moldávia, 04 de janeiro de 2024,** ISBN : **978-620-7-45708-3**

8. **Dr. Galamali Mohammad Kaleem,** "Extending The Right to Choose in The Technology Era - An Academic Analysis Perspectives for People's and Business Needs to Identify Ethics Conflicts/Challenges", **LAP LAMBERT Academic Publishing - membro do grupo OmniScriptum S.R.L Publishing, Moldávia, 10 de janeiro de 2024,** ISBN : **978-620-7-45727-4**

9. **Dr. Galamali Mohammad Kaleem,** "Investigating Effects of Technology in Ethics Basics & Applications - An Academic Guidance Perspectives on Method of Studying Effects of Technology onto Ethics", **LAP LAMBERT Academic Publishing - membro do grupo OmniScriptum S.R.L Publishing, Moldávia, 11th março 2024,** ISBN : **978-620-7-47060-0.**

Índice

Capítulo 1: Os trabalhadores e a moral.

1.1 Resumo dos empregados e moral.

- *Os trabalhadores têm frequentemente de tomar várias decisões morais no local de trabalho.* A tecnologia aumentou/diminuiu esta frequência da necessidade de tomar decisões morais? A tecnologia afectou a amplitude dos motivos para tais dilemas morais? Como é que as mudanças no local de trabalho, introduzidas devido à tecnologia, afectaram a natureza das decisões no local de trabalho? Existem estudos aprofundados que relacionem a tecnologia e as decisões morais a um nível ético? Essas decisões morais que envolvem a tecnologia foram codificadas? Por outras palavras, pode a tecnologia ajudar nessas decisões morais ou mesmo nos resultados dessas decisões? Ou será que a tecnologia representa um poder de retaliação contra os trabalhadores na sequência das suas decisões?

- *Embora muitas destas decisões no local de trabalho tenham de ser tomadas em função de obrigações morais, algumas decisões moralmente sustentáveis podem exigir coragem e têm de ser tomadas para além das normas geralmente aceites.* Como é que a tecnologia influenciou as obrigações morais no local de trabalho? Pode a tecnologia fornecer recursos para sustentar decisões moralmente sustentáveis? Que grau de coragem é necessário para desafiar as normas geralmente aceites no local de trabalho quando se utiliza a tecnologia? Por outras palavras, a tecnologia tornou a tomada de decisões dos trabalhadores mais fácil ou mais difícil? Considerando as normas sociais e empresariais aceites, até que ponto a tecnologia ultrapassou os limites anteriormente considerados convenientes? Quais são as opiniões das pessoas/empregadores/advogados/governos sobre o papel da tecnologia no conceito de empregado e de moral?

- *São seis os temas predominantes da ética no local de trabalho, a saber*

    i. *Obrigações para com a empresa.*

    ii. *Abuso de posição.*

    iii. *Suborno e propinas.*

    iv. *As obrigações para com terceiros.*

    v. *Denúncia de irregularidades.*

vi. *Interesse próprio do trabalhador.*

1. Quais são as opiniões dominantes sobre cada um destes seis temas predominantes da ética no local de trabalho? Existem estudos de caso sobre cada um deles no que respeita à tecnologia?

2. Como é que a tecnologia ajuda especificamente em cada um destes seis temas predominantes relativos à ética no local de trabalho?

3. A tecnologia ajuda a formular quadros viáveis para ajudar em cada um destes temas predominantes relativos à ética no local de trabalho?

1.2 Obrigações para com a empresa.

- *Os trabalhadores são contratados para as tarefas da empresa.* De que forma é que a tecnologia influenciou as características dos trabalhadores a contratar? De que forma é que a tecnologia influenciou as tarefas da empresa? A tecnologia foi responsável pela Reengenharia de Processos Empresariais (RPN) ou por outras alterações importantes nas formas de funcionamento da empresa?

- *Os trabalhadores podem obrigar-se a fazer o trabalho de uma determinada empresa para obterem ganhos financeiros. A tecnologia* ajuda/capacita os trabalhadores a obrigarem-se a fazer o trabalho ou é responsável por uma pressão adicional sobre os trabalhadores? A tecnologia inspira outros ganhos para além dos ganhos financeiros? A tecnologia dá alguma forma de assistência no controlo dos ganhos financeiros? A tecnologia ajuda a estabelecer uma proporção/compensação justa entre as tarefas e os benefícios dos trabalhadores?

- *Muitas vezes, as entidades patronais impõem numerosas condições de emprego que o trabalhador tem de respeitar. Estas podem incluir códigos de vestuário e comportamentos respeitosos.* Como é que a tecnologia ajuda a formular boas condições de emprego que os empregados têm de cumprir? Em que medida pode a tecnologia ajudar em cada uma das seguintes condições de emprego:
    i. Código de vestuário.
    ii. Comportamento respeitoso.
    iii. Pontualidade.
    iv. Dedicação.
    v. Cortesia.

vi. Prevenção da violência.

vii. Prevenção dos erros éticos.

viii. Segurança no trabalho.

ix. Ambiente amigável.

x. Outros códigos de honra.

Em que medida estas condições são facilmente compreensíveis para os trabalhadores de diferentes países? Como é que as diferentes/ sucessivas versões da tecnologia moldaram cada uma das condições de emprego acima referidas?

1.2.1 Lealdade para com a empresa.

➕ *A maioria das pessoas tem a opinião de que os trabalhadores devem ter algumas obrigações morais para se manterem fiéis às suas organizações.* De que forma é que esta tecnologia ajudou a dar forma a este ponto de vista? A tecnologia incentivou ou desencorajou os trabalhadores a manterem-se fiéis à sua organização? Ou será que a tecnologia criou formas de opressão sobre os trabalhadores? A tecnologia traz consigo formas abusivas no trabalho? A tecnologia cria tarefas que ultrapassam as funções atribuídas aos trabalhadores?

➕ A tecnologia permite que os trabalhadores cumpram os seus direitos éticos, como a denúncia de más práticas, sem receio ou recurso à justiça, sempre que necessário?

➕ Pelo contrário, será que a tecnologia reduz as tarefas globais para um número de tarefas muito inferior ao atribuído? Nesses casos, a tecnologia conduziu a perturbações consequentes nas tabelas salariais e nas descrições de funções da sociedade?

➕ *Os trabalhadores não estão vinculados ou obrigados a ter qualquer tipo de lealdade para com os empregadores.* A tecnologia viola ou fragiliza, de alguma forma, este direito?

➕ *A lealdade é frequentemente considerada uma coisa boa. A lealdade é recompensada através de aumentos salariais, promoções e boas recomendações, etc.* A tecnologia ajuda nesses mecanismos de recompensa? A tecnologia contribui ou pode contribuir para a formulação de quadros adequados para esses mecanismos de recompensa? Caso existam, qual é o grau de portabilidade para outros escritórios ou mesmo para outros países e outras culturas? Existem estudos de casos relevantes sobre esta matéria?

- Por outro lado, será que a tecnologia traz novos meios de retaliação para qualquer falta de lealdade detectada? Como é que a tecnologia ajuda efetivamente a avaliar a lealdade? Existe algum parâmetro de referência para a lealdade ao longo da tecnologia que possa ser utilizado?

1.2.2 Conflitos de interesses.

- *Os trabalhadores podem ter conflitos de interesses com a empresa. Qual* é a propensão da tecnologia para criar tais conflitos de interesses nas empresas? Existem estudos de caso sobre o assunto relacionados com a tecnologia? Com a utilização da tecnologia, o que se pode dizer sobre a gravidade ou o impacto dos conflitos de interesses? Os conflitos estão mais contidos ou estão a escalar para além dos limites de controlo? Será que outras tecnologias contribuem para agravar estas questões? Ou será que outras tecnologias ajudam a resolver os problemas?

- Por outro lado, será que a tecnologia ajuda a prevenir esses conflitos de interesses, proporcionando assim um ambiente de trabalho mais propício? Se não for a tecnologia de base, talvez existam componentes inerentes ou mesmo adicionais que ajudem nesta matéria?

- A tecnologia tem uma reputação profundamente enraizada no que respeita à geração/resolução de conflitos? Quais são as opiniões actuais das pessoas, de diferentes faixas etárias, sobre o potencial/contributo da tecnologia para a geração/solução de conflitos?

- Quais são as posições jurídicas actuais sobre os aspectos da tecnologia relacionados com a geração/solução de conflitos?

- Quais são as formas habituais de consequências ou de acções de descontentamento que os empregados podem adotar nos sistemas TIC da empresa quando ocorrem tais conflitos de interesses? (por exemplo, acções de deslealdade).

- *De um modo geral, os trabalhadores devem evitar conflitos de interesses significativos, não se envolvendo em actividades desleais.* Até que ponto a tecnologia foi concebida para evitar actividades desleais?

- *Já é suficientemente difícil decidir quando um conflito é significativo e nem sempre é claro o que os trabalhadores devem fazer para além de resistir à tentação de serem desleais.* Será que a tecnologia, em si mesma ou nos seus componentes melhorados, reduz esta dificuldade de avaliar a importância de tais conflitos? A tecnologia ajuda os empregados a descobrir o que devem fazer e como resistir à tentação de serem desleais?

⊥ Em caso de conflito, o sistema ajuda a produzir/reunir informações correctas e a evitar a formulação de informações erradas e de rumores?

1.3 Abuso de posição oficial.

⊥ *A utilização da posição oficial para ganhos privados ou pessoais é frequentemente considerada como um abuso de poder. Esse abuso pode resultar de deslealdade.* A tecnologia, intrinsecamente ou com os seus componentes melhorados, permite a possibilidade de qualquer funcionário utilizar/desviar o seu cargo oficial para ganhos privados ou pessoais ou qualquer outra forma de abuso de poder?

⊥ Quais são as posições jurídicas sobre a questão do abuso de posição com essa tecnologia? Em caso de abusos, a tecnologia permite retrocessos/retrocessos suficientes para os trabalhos de inquérito policial?

⊥ Existem quadros viáveis no domínio da tecnologia para evitar este tipo de abuso de posições oficiais? Ou será que as actuais disposições éticas e jurídicas são suficientes para lidar com o assunto?

⊥ Qual é a opinião das pessoas sobre o abuso de posição oficial envolvendo a tecnologia? Existem estudos de caso documentados sobre o assunto?

⊥ Como é que este abuso de posição afecta os efeitos a longo prazo e o comportamento no local de trabalho nas empresas?

1.3.1   Operações com informações privilegiadas.

⊥ *O abuso de informação privilegiada ocorre quando um empregado tem acesso a informação da empresa que não está disponível ao público e que pode ter um impacto no preço das acções.* Como é que a tecnologia pode ser ajustada para evitar esse tipo de abuso de informação privilegiada? Em que medida é que a tecnologia ajuda a proteger corretamente as informações da empresa contra o público?

⊥ Existem estudos de casos relevantes em que a tecnologia esteja envolvida neste tipo de abuso de informação privilegiada?

- Os nossos actuais níveis/normas de ética e disposições legais são suficientes para lidar com estas operações de iniciados? As exigências da polícia em matéria de inquéritos são satisfeitas na implementação da tecnologia?

- Quais são as características da tecnologia que ajudam o trabalho dos organismos reguladores no que diz respeito às transacções com informação privilegiada?

- Quais são as opiniões actuais das pessoas sobre a prática de operações de iniciados relacionadas com a tecnologia? Quais são os efeitos a longo prazo dessas operações de iniciados na situação geral da tecnologia nas empresas e no ambiente?

1.3.2   Dados proprietários.

- De que forma é que a tecnologia constitui segredos comerciais da empresa? Como é que a tecnologia pode ajudar uma empresa a proteger os seus segredos comerciais em geral?

- Como é que a tecnologia pode ser aplicada no desenvolvimento de novos meios de divulgação de informações a terceiros?

- As organizações concorrentes podem utilizar em seu benefício as características da tecnologia utilizada numa organização?

- A tecnologia influencia os principais argumentos pelos quais os segredos comerciais devem ser protegidos por lei?

- A tecnologia oferece meios para separar as informações exclusivas das competências e conhecimentos técnicos do trabalhador?

- A tecnologia está equipada com componentes de auto-atualização? Em caso afirmativo, como é que este pormenor técnico pode ser considerado um dado privativo?

1.4 Subornos e propinas.

1.4.1 Noções básicas sobre suborno e propinas.

- *O suborno tem como objetivo permitir que alguém actue contra os seus deveres.* Que novas formas de suborno é que a tecnologia cria, como a extração de criptomoedas, o acesso gratuito a serviços que de outra forma seriam pagos, etc.?

- Como é que as pessoas percepcionam os elementos de suborno/maquiagens quando utilizam a tecnologia?
- Será que a tecnologia proporciona uma plataforma para aumentar a frequência ou mesmo o alcance global do suborno e das propinas?
- A tecnologia proporciona novas formas de suborno, como a presença nas redes sociais, etc.? Quais são as pessoas/partes que beneficiam de tais subornos e propinas?
- Que formas de favores permite a tecnologia inclinar-se para os outros? Como é que as posições de suborno e propina na tecnologia afectam várias organizações de diferentes dimensões, nos sectores público e privado?
- Existem estudos de casos de subornos e propinas envolvendo a tecnologia em todo o mundo e as suas consequências?

1.4.2 Presentes e entretenimento.

- *As prendas e o entretenimento podem ser utilizados para recompensar e incentivar determinados comportamentos dos empregados.* Que formas de ofertas e entretenimento são possíveis com a utilização da tecnologia? Quais são as particularidades das recompensas e dos incentivos que surgem com a tecnologia? Com que frequência ocorrem tais ofertas e entretenimento na sociedade? Que efeitos têm essas prendas e entretenimento no moral dos empregados? A oferta de presentes e entretenimento nessa plataforma tecnológica tem outros impactos em conceitos éticos como as regras de Woodrow Wilson, a cultura organizacional, a teoria da agência, a moralidade, a tomada de decisões morais e outros?
- *O entretenimento não é tão suscetível de ser moralmente errado se for utilizado de acordo com normas éticas.* Quais são as normas éticas relativas a este tipo de ofertas e entretenimento através desta plataforma tecnológica? A tecnologia ajuda a moldar os padrões éticos para a oferta de presentes e entretenimento necessários na sociedade?
- *Como é efectuado o controlo das características dos presentes e do entretenimento através da tecnologia?* Existem meios para garantir a utilização correcta de tais ofertas e entretenimento pelos empregados? A tecnologia/sistema permite comparar/avaliar os presentes/entretenimento propostos com as normas estabelecidas?

1.4.3 Considerações sobre a ética da dádiva.

i. <u>O preço da prenda</u>: *As prendas de preço elevado têm mais probabilidades de ser um suborno.* Como é que a tecnologia ou o sistema podem ser utilizados para avaliar o valor do presente e determinar se se trata ou não de um suborno? Ou existem outros sistemas/tecnologias que permitam fazer essa aferição?

ii. <u>O objetivo da oferta</u>: *Os presentes podem ser utilizados para encorajar, para publicidade ou como suborno.* A tecnologia pode ajudar a verificar se o presente é realmente utilizado para encorajar, fazer publicidade ou como suborno? Quais são as opiniões dos outros trabalhadores sobre o objetivo das ofertas na organização? Quais são as posições jurídicas em torno da noção de "objetivo das ofertas numa organização e para a sociedade em geral? Em contrapartida, este tipo de ofertas afecta a mentalidade/psicologia das pessoas na sociedade. Explique esta caraterística.

iii. <u>As circunstâncias</u>: *As prendas podem ser dadas numa ocasião especial ou numa ocasião não especial.* As prendas oferecidas abertamente são mais éticas. A tecnologia ou os módulos incorporados têm características para fazer corresponder o presente a ocasiões especiais? A tecnologia pode determinar que um presente não se destina a ocasiões especiais? Ou, pelo menos, a tecnologia/sistema tem características de auditabilidade ou de rastreio policial? A circunstância de oferecer um presente aplica-se a todos os empregados da organização ou a tecnologia tem funcionalidades para oferecer presentes selectivos? A circunstância da oferta é eticamente aceitável? Quais são os parâmetros de referência para avaliar as circunstâncias de uma oferta? Quais são os meios que a tecnologia proporciona para garantir que a oferta é feita abertamente? Quais são as posições legais sobre as circunstâncias de uma oferta? Existem estudos de caso sobre as circunstâncias de uma dádiva e a tecnologia?

iv. <u>A posição da pessoa que recebe a prenda</u>: *Uma pessoa em posição de dar algo em troca tem mais probabilidades de aceitar um suborno.* Como é que esta análise do recetor é feita com a tecnologia?

v. <u>As práticas aceites:</u> Oferecer *presentes como "gorjeta" a um empregado de mesa é normal, mas para um diretor executivo é pouco ético.* Como é que esta consideração pode ser incorporada na tecnologia? Afinal, este conjunto de práticas aceites varia de país para país. Como é que estas variações podem ser tidas em conta?

vi. <u>A política da empresa:</u> *Algumas empresas podem ter regras mais rigorosas do que outras relativamente a ofertas.* Mais uma vez, como é que isto pode ser incorporado na tecnologia? Quais são as opiniões das pessoas sobre a política da empresa, em diferentes países? A tecnologia pode ser utilizada para avaliar o rigor das regras aplicáveis em matéria de brindes? É óbvio que algumas tecnologias podem ser aplicadas, como a IA, o ML, etc., enquanto outras, como a gestão da manutenção, podem não ser aplicadas.

vii. <u>A lei:</u> *As ofertas contra a lei são normalmente inaceitáveis.* Como é que a tecnologia pode ser ajustada para incorporar cláusulas legais? As leis em vigor são suficientes e facilmente praticáveis do ponto de vista ético ou há casos em que as pessoas as entenderam mal? Qual é a taxa de evolução dessas leis nos diferentes países do mundo ao longo das sucessivas gerações da tecnologia? Existem outras considerações que possam ser propostas no que se refere a Ofertas e Entretenimento?

1.5 Obrigações para com terceiros.

🔸 *Uma pessoa tem a obrigação moral de informar os outros sobre práticas comerciais perigosas e enganosas.* Como é que a tecnologia permite comunicar esta obrigação moral? Quais são os meios, inerentes ou acrescentados à tecnologia, para efetuar esta comunicação a outros sobre práticas perigosas e enganosas? Como é que esses "outros" reagem a essas comunicações recebidas? As pessoas são, em geral, da opinião de que o sistema/tecnologia efectua realmente essas comunicações? Como é que a legislação dos diferentes países se adapta a esta obrigação moral? Quais são os meios da tecnologia inerente para identificar práticas comerciais perigosas e enganosas? Quais são os parâmetros de referência utilizados? Ou será que essa identificação é assistida por outros conjuntos de tecnologias? Existem estudos de caso relacionados com esta matéria?

➕ *Os trabalhadores devem comparar e avaliar a importância dos seus deveres profissionais e interesses pessoais com a importância dos interesses dos outros.* Como é que a tecnologia pode ajudar nesta comparação e neste julgamento? A que níveis de sucesso chegaram as actuais gerações e implementações tecnológicas? Quais são as esperanças futuras da tecnologia neste domínio das comparações e julgamentos?

➕ *Pode ser moralmente preferível informar terceiros sobre práticas imorais e ilegais, mesmo quando não é uma obrigação moral fazê-lo.* De que forma é que o sistema/tecnologia contempla esta caraterística? Debater estudos de caso sobre esta matéria?

1.6 Denúncia de irregularidades.

1.6.1 Conceitos gerais.

➕ *É o ato de tornar públicos actos significativamente imorais ou ilegais de uma organização de que se faz parte.* A tecnologia possui características que podem ser consideradas úteis para a denúncia de irregularidades? O problema aqui é "como se determina a importância dos actos imorais ou ilegais?".

➕ *Uma pessoa não é um delator por discutir um comportamento embaraçoso ou grosseiro com o público.* Poderá a tecnologia/sistema filtrar esses comportamentos embaraçosos ou grosseiros com o público? As opiniões das pessoas sobre o assunto serão, naturalmente, muito diferentes. Discuta este elemento das opiniões das pessoas sobre esta matéria. Qual é a posição jurídica relativamente a este elemento do comportamento embaraçoso ou grosseiro do autor da denúncia?

➕ *Os denunciantes não precisam de se envolver em sabotagem ou violência.* A tecnologia contém elementos que facilitam a sabotagem ou a violência? OU, a tecnologia tem características para apresentar tal sabotagem ou violência? Com que frequência ocorrem actos de sabotagem ou de violência em empresas ricas em tecnologia, de acordo com documentos publicados? Quais são as características objeto de estudos de caso sobre o assunto?

1.6.2 Razões para avaliar uma atividade de denúncia de irregularidades.

1. *O motivo deve ser ético. O trabalhador deve agir contra a organização que cometeu um ato imoral ou ilegal significativo.* Como é que um sistema pode ajudar a avaliar se o motivo é ético? O motivo depende demasiado dos juízos humanos? Como pode o sistema ajudar a avaliar a gravidade dos actos imorais ou ilegais de uma organização?

2. *O denunciante deve procurar primeiro formas menos prejudiciais de resolver o problema.* A tecnologia tem funcionalidades incorporadas para encontrar formas menos prejudiciais de resolver problemas? Os funcionários devem informar a direção e os executivos de uma infração antes de tornar a informação pública? O sistema/tecnologia ajuda os empregados a informar a direção e os executivos de irregularidades? Ou existe outro suporte tecnológico para este efeito?

3. *O autor da denúncia deve dispor de provas suficientes.* O sistema permite a recolha das provas necessárias? A tecnologia permite a existência de registos suficientes/adequados para permitir a rastreabilidade e a prova de tais actos ilícitos? Ou o sistema está sempre a favor dos altos funcionários da empresa? O sistema permite a auditabilidade dos registos para este fim? Por outro lado, o sistema/tecnologia proporciona formas fáceis de esconder provas ao ponto de não conseguir provar actos ilícitos? Ou, mais ainda, a combinação de outras tecnologias como a IA, DeepFake, etc., permite essa fácil ocultação de registos? Existem estudos de caso significativos em que os denunciantes tenham apresentado provas suficientes sobre a tecnologia? Sucessivamente, existem estudos de caso significativos em que a tecnologia negou as provas do denunciante?

4. *A culpa da empresa deve ser específica e significativa.* A atuação incorrecta deve ter razões específicas e significativas. O sistema permite identificar qualquer falha da empresa e avaliar a sua importância? Ou será que o sistema, com as suas características intrínsecas ou adicionais, esbate as infracções? Será que a tecnologia tem poder suficiente para forjar razões para qualquer ato ilícito e escapar às consequências legais? Qual é a opinião das pessoas sobre esta possibilidade de forjar razões para actos ilícitos?

1.7 Interesse próprio.

1.7.1 Resumo do interesse próprio.

As pessoas são obrigadas a salvaguardar os interesses dos outros, dando a conhecer à administração os comportamentos incorrectos ou alertando o público, tornando públicos os actos imorais significativos cometidos pelas empresas? Como é que esta opinião é influenciada pela tecnologia? A tecnologia tem importância na quantidade de impactos ou na gravidade das consequências dos actos imorais das empresas? A tecnologia tem ajuda suficiente para pensar de forma racional e imparcial em relação à moralidade?

1.7.2 Perguntas de apoio para pensar de forma racional e imparcial.

i. Estamos a seguir cegamente as autoridades?

A tecnologia incorpora decisões/métodos das autoridades que devem ser seguidos cegamente? Existem alternativas bem ilustradas que podem ser escolhidas de entre as opções implementadas nessa tecnologia? A tecnologia incorpora acções repressivas contra aqueles que não seguem cegamente as autoridades? Em que medida é que a tecnologia favorece a compreensão do seu funcionamento por parte das pessoas? Quais são as opiniões prevalecentes sobre a questão de seguir cegamente as autoridades? Existem leis suficientes que protejam as pessoas das consequências de terem seguido cegamente as autoridades?

ii. Será que estamos a sofrer de uma visão de túnel moral?

A tecnologia é implementada de acordo com alguma visão moral específica? Ou será que a tecnologia leva as pessoas a terem uma visão de túnel moral? Existem alternativas suficientes implementadas na tecnologia para evitar a visão de túnel moral? O elemento de visão de túnel moral é um efeito a longo prazo da utilização da tecnologia? Ou existem outros elementos na tecnologia que possam ser designados como desvanecimento/erosão moral, quer a curto quer a longo prazo?

iii. Estaremos a fazer sem pensar o que nos é pedido, sem ter em conta o impacto nas partes externas?

Isto segue um raciocínio semelhante ao da alínea i) acima.

iv. Estamos a pensar nos nossos possíveis papéis como cúmplices de actividades imorais?

As actividades da tecnologia estão bem delimitadas/definidas pela legislação em vigor nos vários países? Como é que o sistema protege os utilizadores e a sociedade deste elemento cúmplice de actividades imorais?

v.   Será que estamos a ter uma visão correcta dos nossos interesses em relação aos dos outros?

O sistema permite este equilíbrio adequado de interesses?

vi.   Existem provas substanciais para agir contra as normas?

A tecnologia permite a recolha de provas suficientes para quaisquer acções erradas detectadas?

➢ Existem outros factores sociais, pessoais e outros factores únicos a ter em conta nos trabalhadores e na moral?

➢ Existem outros estudos de caso gerais sobre os trabalhadores e a moral relacionados com a tecnologia?

Capítulo 2: Ética a nível individual.

2.1 Comportamento ético no local de trabalho.

- O que é que significa ser pouco ético no local de trabalho? *Pode incluir atender chamadas telefónicas pessoais durante o tempo de serviço do empregado; afirmar que o "cheque está no correio" quando já está a ser emitido; e até roubar material de escritório para uso pessoal.* Como é que a tecnologia influenciou o comportamento ético/não ético no local de trabalho? Terá a tecnologia induzido novas formas de comportamento/práticas no local de trabalho que anteriormente não estavam previstas? Ou será que a tecnologia afectou o impacto/gravidade do comportamento ético/não ético no local de trabalho? Em que outros aspectos do local de trabalho, como a lealdade, é que o comportamento ético tem impacto? A tecnologia contribuiu para melhorar o comportamento ético a nível individual? Ou será que a tecnologia é responsável por uma degradação observável? Será que as gerações múltiplas/sucessivas da tecnologia tiveram impactos diferentes em gerações diferentes no local de trabalho? Existem estudos de caso relevantes sobre esta matéria? Quais são as opiniões predominantes das pessoas sobre ética a nível individual influenciadas pela tecnologia?

- Quais são as novas formas de comodidades digitais/tecnológicas na tecnologia que podem servir de analogia ao "cheque está no correio"?

- Como é que as opiniões sobre "atender chamadas telefónicas pessoais durante o tempo de serviço" evoluíram ao longo dos anos ao longo de várias gerações da tecnologia?

- Quais são as novas formas de roubo de objectos digitais do escritório para uso pessoal? Como bitcoins, subscrições gratuitas, música e filmes pirateados, etc...

- *Normalmente, as organizações criam um código de normas éticas ou entregam um manual quando um novo empregado entra para a empresa, que geralmente enumera as regras e directrizes que devem ser respeitadas.* Como é que a tecnologia influencia os códigos ou manuais de normas num local de trabalho? A tecnologia apresenta novas formas de transmitir e instruir/formar os trabalhadores sobre os códigos da empresa? A tecnologia representa novos meios para os trabalhadores aderirem às normas? A tecnologia representa mais facilidades ou dificuldades para os trabalhadores cumprirem as normas? Para a direção, a tecnologia representa um meio para uma melhor aplicação das normas no local de trabalho? Essencialmente, estas novas normas, influenciadas pela tecnologia, representam uma melhoria da sociedade, ou seja, uma ética elevada? Como é que estas normas variam consoante os países e as culturas? Qual tem sido a taxa de evolução desses códigos de normas, tendo em conta a taxa de evolução da tecnologia em relação a outras tecnologias e condições económicas? Existem códigos de normas prontos a utilizar que possam ser integrados numa organização? Esses códigos diferem consoante se trate de organizações governamentais ou do sector privado?

- *Muitas questões impedem os empresários de serem totalmente éticos, coerentes e justos.* Será que a tecnologia, em si mesma ou nas características que a compõem, faz parte dessas questões que impedem os empresários de serem totalmente éticos, coerentes e justos? Ou será que a tecnologia esbate ou reforça a capacidade dos empresários de serem éticos, coerentes e justos? Existem estudos de caso relevantes sobre esta matéria? Quais são as opiniões predominantes dos empresários sobre o assunto?

- *A ética é uma questão dinâmica e, por vezes, é difícil decidir num determinado momento o que se deve à tecnologia?* A tecnologia tem sido responsável por essas dificuldades de decisão? Qual a frequência desses casos? Existem estudos de caso relevantes sobre o assunto?

- *A ética depende muito de circunstâncias como a COVID, elementos de prioridade pós-COVID, etc.* Existem elementos de assistência da tecnologia nesta questão das circunstâncias? Estão a ser desenvolvidos conceitos/princípios sobre os temas da integração da ética e das circunstâncias? Quais são os progressos alcançados até à data?

2.2 Lapsos éticos e cultura organizacional.

- *A ética empresarial inclui qualidades humanas e não prevê qualidades angélicas. De facto, a tecnologia alterou esta crença popular, uma vez que coloca nas mãos dos seres humanos novos meios que antes eram considerados impossíveis. Esta expetativa levanta, de facto, a questão das possibilidades entre os que têm e os que não têm, uma vez que a tecnologia se enquadra num ambiente empresarial competitivo.* Existem trabalhos publicados relevantes sobre este raciocínio relativamente à tecnologia? Quais são as opiniões predominantes das pessoas sobre a noção de que a tecnologia está a avançar para qualidades angelicais?

⬥ *Por conseguinte, se um empresário ou um empregado estiver sobrecarregado, é possível que as regras éticas sejam distorcidas. É o chamado "lapso ético", que é uma ocorrência a curto prazo e bastante rara.* Como é que a tecnologia cria ou ajuda a criar lapsos éticos? A tecnologia influencia a frequência da ocorrência de tais lapsos éticos? Como é que a tecnologia influencia os impactos dos lapsos éticos numa empresa? Esses impactos podem incluir a gravidade e a duração das consequências de tais lapsos? *Uma opinião é que a tecnologia deve proteger as pessoas de lapsos éticos.* Existem princípios de desenvolvimento para incorporar a proteção ou a assistência a lapsos éticos?

⬥ *A ética a nível individual pode parecer envolver apenas o indivíduo, mas é um processo holístico.* Como é que a tecnologia ajuda a formar este processo holístico no ambiente empresarial? Ou será que a tecnologia cria obstáculos à formação deste processo holístico? Quais são os actuais níveis de sucesso da abordagem do processo holístico em várias organizações empresariais? Será que os empregadores e os trabalhadores sentem realmente que esta abordagem holística é um sucesso? Para aqueles que dizem que sim, até que ponto é que ela se aplica?

⬥ *Pode haver uma grande pressão por parte dos colegas de trabalho, dos gestores ou de qualquer outro elemento da cultura empresarial para que as pessoas não sejam éticas.* Os indivíduos podem detestar tais pressões e tendem a trabalhar evitando os dilemas. A tecnologia constitui uma forma de poder nas mãos de colegas de trabalho, gestores e outros para serem pouco éticos? A tecnologia proporciona meios para exprimir o ódio a essas pressões elevadas? A tecnologia fornece meios para os trabalhadores evitarem os dilemas? Ou será que são incorporados outros meios, provenientes de outras tecnologias, para as pessoas evitarem os dilemas? Como é que as leis e as políticas da empresa ajudam na proteção contra estas pressões adicionais?

2.3 Atributos básicos dos trabalhadores éticos.

Para serem éticos no local de trabalho, os trabalhadores devem possuir alguns atributos comuns. Segue-se um estudo sobre os atributos mais influentes:

2.3.1 Dedicação.

- *As empresas procuram resultados, mas a maioria dos empregadores procura um esforço honesto por parte dos empregados que podem ser considerados "naturais" no trabalho. Quando um empregado entra para a força de trabalho, está a concordar em oferecer o melhor para ajudar a empresa a prosperar.*

- A tecnologia permite que a empresa produza melhores resultados? A tecnologia permite uma melhor mensurabilidade dos resultados? Os empregados têm a perceção de que a tecnologia melhora os resultados? Em que medida é que a tecnologia permite um esforço honesto por parte dos empregados? Ou será que a tecnologia exerce pressões adicionais sobre os trabalhadores, dissuadindo-os de trabalhar honestamente? Como é que a tecnologia ajuda a avaliar a honestidade dos trabalhadores? De que forma é que a tecnologia contribui para que o trabalhador concorde em dar o seu melhor para que a empresa prospere? Quais são as opiniões prevalecentes sobre a dedicação dos trabalhadores no que respeita à tecnologia? Quais são as posições jurídicas sobre a questão da dedicação? Como é que a tecnologia detecta os esforços desonestos? A tecnologia está habilitada a tomar medidas repressivas contra os trabalhadores por esforços desonestos?

2.3.2 Integridade.

- *Trata-se de demonstrar um comportamento honesto em qualquer altura. Integridade pode significar ser honesto na elaboração de relatórios ou ser transparente ao comunicar transacções em numerário.*

- Como é que a tecnologia contribui para a integridade geral dos trabalhadores? De que forma é que a tecnologia contribui para uma comunicação honesta e para a transparência? Existem bons estudos de caso sobre esta caraterística da integridade no local de trabalho no que respeita à tecnologia? Qual é a perceção da integridade relativamente à tecnologia em todo o mundo? Como é que a tecnologia ajuda a avaliar a integridade dos trabalhadores no local de trabalho? Mais uma vez, que acções são integradas/activadas na tecnologia na sequência de avaliações de integridade?

2.3.3 Responsabilidade.

- *Significa ser responsável em relação ao tempo e ao dever durante o horário de trabalho. Significa também aceitar a responsabilidade, reunir-se e trabalhar de boa vontade para uma resolução aceitável.*

- Como é que o sistema contribui para esta noção de responsabilidade? De que forma é que a tecnologia permite ou influencia cada uma das seguintes características pessoais de um trabalhador?

  - i. Aceitar a responsabilidade.
  - ii. Reunir-se a si próprio.
  - iii. Trabalhar de boa vontade para uma resolução aceitável.

- Como é que o sistema permite medir ou mesmo avaliar o elemento de responsabilização dos trabalhadores nas organizações? Como é que a tecnologia alarga o conceito de responsabilização fora do horário de trabalho e das instalações? Como é que a noção tradicional de responsabilidade tem vindo a evoluir ao longo das sucessivas gerações da tecnologia? A tecnologia influenciou a noção de resolução aceitável numa organização?

- A tomada de iniciativas e a pontualidade também se enquadram neste âmbito. Como é que a tecnologia permite a tomada de iniciativas? Como é que a tecnologia pode ajudar a distinguir as iniciativas correctas/merecedoras das impróprias/não merecedoras? A tecnologia está equipada para ajudar a recompensar os empregados por iniciativas correctas? Ou está a tecnologia equipada, quer nos seus componentes intrínsecos quer nos adicionais, para tomar medidas repressivas contra iniciativas que se revelem más? A tecnologia ajuda os trabalhadores e os empregadores a atingir a pontualidade? Ou coloca obstáculos nesse caminho? A tecnologia oferece alternativas adequadas à pontualidade clássica/física (como a presença em linha ou a política de trabalho a partir de casa e a entrega atempada)? Mais uma vez, a tecnologia ajuda a recompensar/punir por questões de pontualidade? Apresentar alguns estudos de caso sobre o assunto. Que outros atributos, para além da "tomada de iniciativas" e da "pontualidade", é que a tecnologia inclui neste âmbito? Para cada um destes novos atributos, elabore um estudo ético substancial e apresente um relatório sobre o mesmo.

2.3.4 Colaboração.

- *O trabalho de equipa e a colaboração são atributos valiosos. A maioria das empresas acredita que se o moral for elevado e todos colaborarem, o sucesso virá. Por conseguinte, é importante que os empregados trabalhem em equipa.* Até que ponto e de que forma a tecnologia permite o trabalho em equipa e a colaboração? Ou será que a tecnologia contribui mais para dar às pessoas a possibilidade de trabalharem de forma autónoma? Quais são as percepções prevalecentes sobre a capacidade da tecnologia para melhorar o trabalho em equipa ou o trabalho autónomo? Quais são os estudos de caso actuais sobre esta matéria? Que outros atributos valiosos são importantes, juntamente com a tecnologia, para alcançar com êxito colaborações adequadas?

- Em que medida é que a tecnologia ajuda os empregados e os empregadores a manter o moral elevado, assegurando que todos colaboram e são bons jogadores de equipa? Ou será que a tecnologia, ao longo de sucessivas gerações, tem vindo a atenuar gradualmente esta noção ao longo do tempo? Esta noção varia certamente consoante os países. Como é que esta noção varia de país para país ao longo do tempo? Como é que se espera que esta tecnologia evolua de acordo com as noções de ética? Quais são as observações sobre as leis que regem a noção de "colaboração" com a tecnologia?

2.3.5 Conduta.

- *Os funcionários devem tratar os outros com respeito e mostrar um comportamento adequado, vestindo roupas apropriadas, usando uma linguagem correcta e conduzindo-os com profissionalismo fazem parte do trabalho.*

- Em que medida é que a tecnologia permite ou permite que os empregados/empregadores tratem os outros com respeito? Como é que o respeito é definido ou descrito nas organizações relativamente à tecnologia? Quais são os padrões de comportamento novos ou adaptados relativos à tecnologia no estudo da ética a nível individual? Em que medida é que a tecnologia ajuda a monitorizar o comportamento adequado no local de trabalho? Como é que a tecnologia encoraja o uso de vestuário adequado no local de trabalho? Como é feito este controlo do vestuário adequado? Como é que a tecnologia pode ajudar a utilizar uma linguagem correcta? Como é que a tecnologia pode monitorizar a utilização de uma linguagem correcta?

- De uma perspetiva diferente, pode a tecnologia ser utilizada como pretexto para tratar os outros de forma incorrecta e com falta de respeito? A tecnologia induz as pessoas a adoptarem um comportamento inadequado, a usarem vestuário inadequado ou a usarem linguagem obscena? Existem componentes da tecnologia que favorecem ou dissuadem qualquer utilização incorrecta, como deepfakes, falsificações, etc.?

- Quais são os outros factores de profissionalismo dos trabalhadores, uma vez que o código de conduta é derivado da tecnologia? Quais destes factores foram previstos e quais são imprevistos e mal geridos?

- Quais são as opiniões das pessoas sobre o seu comportamento relativamente à tecnologia? Quais são as posições jurídicas sobre a questão da conduta e da tecnologia?

- Como é que a noção de "conduta sobre a tecnologia" entra em conflito com a noção de "tecnologia que causa a perda de postos de trabalho"?

2.3.6 Ser um melhor trabalhador.

- *Compreender como ser uma pessoa melhor no local de trabalho é um bom ponto de partida para um compromisso de fazer sempre o que está certo.*

- A tecnologia permite ou possibilita que os empregados/empregadores compreendam como ser uma pessoa melhor no local de trabalho? A tecnologia serve como um bom ponto de partida para um compromisso de fazer sempre o que é correto? A tecnologia proporciona ambiguidades na compreensão de como ser uma pessoa melhor no local de trabalho? Existem estudos de caso sobre esta noção que estejam a ser realizados com sucesso? As sucessivas gerações dessa tecnologia forneceram novos conceitos de "ser um melhor trabalhador"? As ajudas de outras tecnologias são significativas nesta matéria? Esta noção afecta os trabalhadores a nível pessoal? Esta forma de melhoramento é mensurável? Em caso afirmativo, que indicadores existem sobre esta matéria? Esta melhoria reflecte-se na abordagem holística global?

2.3.7 Relações de confiança.

- *Permitir que as pessoas se abram, partilhem informações e se sintam à vontade para comunicar são sinais de um funcionário de confiança. Honestidade, justiça e evitar rumores são algumas das qualidades básicas.*

- Como é que a tecnologia contribui para esta noção? Como é que os gestores avaliam um empregado como estando suficientemente aberto e confortável na comunicação? Quais são as disposições da tecnologia para apoiar as qualidades básicas mencionadas acima? Existem outras qualidades que são destacadas com a tecnologia? Existem modelos comerciais ou normas de desenvolvimento relevantes para apoiar a confiança nas relações através da tecnologia? A tecnologia trouxe mudanças no grau de importância destas qualidades básicas? Quais são os estudos de caso relevantes sobre esta matéria? A tecnologia permite a confiança nas relações a níveis voluntários?

2.3.8 Coesão da equipa (ou coesão).

- *Os compromissos éticos dos trabalhadores têm um efeito positivo na equipa e no departamento, para além de melhorarem o desempenho individual. Um trabalhador ético é um melhor jogador de equipa, que dá sempre contributos positivos para as equipas e nunca impede o progresso do grupo.*

- O raciocínio que se aplica a esta secção junta-se ao que se aplica à "colaboração" na parte 4.

2.3.9 Valor para os empregadores.

- *Um trabalhador sem ética pode levar toda a empresa a ter problemas legais ou pode destruir a reputação conquistada com muito esforço. Os trabalhadores éticos que trabalham para qualquer empresa são aqueles que aderem às políticas éticas e utilizam o raciocínio ético na tomada de decisões.*

- De que forma pode a tecnologia contribuir para criar problemas legais ou ataques à reputação da empresa? Existem estudos de caso sobre estas questões? Quais são as posições jurídicas que foram destacadas nesses estudos de caso? Quais são as percepções predominantes dos empregadores e dos trabalhadores sobre esta noção de "valor para os empregadores"?

2.3.10 Bem-estar pessoal.

♦ *Os empregados éticos aumentam sempre o valor de um empregador no domínio público.*

♦ Quais são os meios específicos que a tecnologia fornece aos trabalhadores éticos para aumentar o valor dos empregadores no domínio público? A tecnologia permite forjar o valor falso dos empregadores no domínio público? Quais são as frentes públicas (físicas ou em linha, etc.) em que esta valorização pode ser efectuada? Quais são os estudos de caso sobre esta matéria? Como é que os trabalhadores percepcionam esta noção de aumento do valor de um empregador? Existem oportunidades faseadas na tecnologia para fornecer este valor aos empregadores de forma vigorosa?

♦ Os actos pouco éticos podem sobrecarregar as pessoas com culpa e paranoia, tornando-as hostis e receosas. Existem características na tecnologia que podem levar a esta consequência? Com que frequência se pode esperar que esta consequência ocorra em diferentes países e organizações? Os elementos de culpa e paranoia ocorrem apenas a nível individual ou a nível de grupo? A tecnologia influencia a profundidade da culpa ou da paranoia que os trabalhadores podem enfrentar? Existem estudos médicos/psicológicos sobre esta matéria relacionados com a tecnologia? Quais são as formas de hostilidade que os trabalhadores podem adotar, especialmente quando utilizam a tecnologia para além de espalharem boatos? Existe alguma caraterística da tecnologia que os empregados receiem?

2.4 Valores fundamentais.

Segundo Martin Seligman, alguns valores virtuosos fundamentais influenciam o comportamento ético e parecem ter um carácter universal. Ilustre as afirmações semelhantes de outros pensadores e investigadores sobre esses valores virtuosos fundamentais. De um modo geral, podem estes valores virtuosos ser mapeados para a tecnologia? Terá a tecnologia influenciado o comportamento ético tradicional no local de trabalho? Ou será que a tecnologia alterou a caraterística de "atração universal" dos valores fundamentais? Ou, pelo menos, terá a tecnologia influenciado o grau de importância desses valores fundamentais?

2.4.1 Sabedoria e conhecimento.

- *O talento para recolher informações e convertê-las em algo útil é uma grande qualidade. A sabedoria é capitalizar a experiência para interpretar a informação e ter conhecimentos para tomar decisões sensatas. Um pré-requisito para ter conhecimento é saber o que fazer e ser capaz de distinguir entre o correto e o errado.*

- Como é que a tecnologia contribui para a noção de sabedoria e de recolha de conhecimentos? Quais são as disposições da tecnologia no tratamento da informação para a produção de conhecimentos e, sucessivamente, para a formulação de conjuntos de sabedoria? Como é que a tecnologia ajuda a validar a informação e, sucessivamente, o conhecimento e a sabedoria assim gerados? Pode argumentar-se que a "sabedoria" é uma das faces de uma moeda, sendo a outra face a "astúcia". Com as características da tecnologia, incorporadas ou acrescentadas a partir de outras tecnologias, até que ponto este argumento pode ser válido? Quanta astúcia derivada da tecnologia é repetida em documentos publicados?

- Quais são as características da tecnologia, incorporada ou acrescentada, que permite capitalizar as experiências para interpretar a informação na empresa? Ou depende de outra tecnologia para esta caraterística? Como é feita a verificação e a validação dessas capitalizações? Por outras palavras, como é alcançada a componente de "decisões sensatas"?

- Quais são as características da tecnologia que ajudam a saber o que fazer e a distinguir entre o correto e o incorreto? Quais são as opiniões predominantes das pessoas comuns e dos especialistas sobre este assunto específico? A tecnologia gerou mudanças significativas nos conceitos de sabedoria e conhecimento? Isto poderia ter sido feito de forma fragmentada ou gradual ao longo de gerações sucessivas?

2.4.2 Auto-controlo.

- *É importante ter a capacidade de evitar tentações pouco éticas. A decisão de seguir o caminho ético exige um empenhamento suficiente no valor da boa ética. As pessoas éticas dizem normalmente "não" ao ganho individual se este for irrelevante para o benefício institucional e a boa vontade.*

- O sistema/tecnologia fornece componentes suficientes para evitar tentações não éticas? A tecnologia permite identificar corretamente as tentações não éticas possíveis ao longo dos procedimentos comerciais estabelecidos? Existem registos/menção de tais tentações relevantes identificadas ao longo da utilização da tecnologia? As disposições legais são suficientes nesta matéria?

- A tecnologia incentiva as pessoas a gerar um compromisso voluntário suficiente em relação ao valor da ética? A tecnologia permite um bom acompanhamento desse empenhamento voluntário e abre sucessivamente possibilidades de recompensas futuras? Quais são os meios fornecidos pela tecnologia para capacitar os trabalhadores éticos a dizer "não" ao ganho individual quando este é irrelevante para os benefícios institucionais e a boa vontade?

- Será que a tecnologia fornece disposições suficientes de rastreio e meios de investigação contra os infractores, mesmo a nível ético?

- Como é que a tecnologia pode ser utilizada para avaliar um assunto como sendo irrelevante para o benefício institucional e a boa vontade? Estes métodos estão bem validados e são infalíveis?

2.4.3 Justiça e orientação equitativa.

- *O tratamento justo das pessoas é importante. A justiça é servida quando se obtém um retorno justo em troca da energia e do esforço despendidos. Algumas pessoas dão um tratamento especial sem ter em conta critérios objectivos que permitam avaliar a justiça.*

- Como pode a tecnologia ser utilizada para um tratamento justo das pessoas no local de trabalho? Ou será que o sistema incorpora demasiados preconceitos? Mais uma vez, como pode a tecnologia ser utilizada para medir a energia e o esforço despendidos pelas pessoas? De que forma pode a tecnologia ser utilizada para aplicar um rendimento justo à energia e ao esforço despendidos pelas pessoas? Quais são os critérios de equidade com que a tecnologia está preparada para trabalhar? Existem estudos de caso sobre o assunto? Quais são as opiniões predominantes das pessoas sobre a questão da justiça e da equidade no local de trabalho relativamente à tecnologia? Como é que esta noção de justiça e equidade evoluiu ao longo das sucessivas gerações da tecnologia?

2.4.4 Transcendência.

- *É o reconhecimento de algo para além de si próprio, mais permanente e poderoso do que o próprio eu. Quando nos falta a transcendência, podemos tender para a auto-absorção. Os líderes motivados pelo interesse próprio e pelo exercício do poder pessoal têm eficácia e autenticidade limitadas.*

- Esta é uma abordagem altamente filosófica e a implementação da transcendência na tecnologia é um grande desafio. No entanto, reconhece-se que os poderes da tecnologia não devem levar as pessoas a esta falta de transcendência. Considera-se importante, neste caso, identificar as características que provocam a auto-absorção e aplicar uma compensação adequada. O problema aqui é saber quem pode ser considerado digno de tal controlo e de tal responsabilidade. Pode ainda tentar-se um estudo mais aprofundado sobre a transcendência e a tecnologia. Existem estudos particularmente pertinentes sobre a questão da transcendência sobre a tecnologia? Quais são os níveis actuais de disposições para a transcendência na tecnologia? Quais são as opiniões predominantes das pessoas/empregadores/trabalhadores sobre o papel da tecnologia para a transcendência?

- Como é que a tecnologia pode ajudar os líderes a evitar o interesse próprio e o exercício do poder pessoal? Se os líderes são motivados por interesses próprios e exercem o seu poder pessoal, a falta de eficácia e autenticidade pode ser medida/avaliada de forma adequada? Uma forma de ajudar os líderes é dar-lhes uma visão das alternativas para diferentes acções e das suas consequências. Existem outras possibilidades de assistência deste tipo?

- De um ângulo completamente diferente, será que a tecnologia foi concebida para funcionar contra o elemento de transcendência? Como é que isto pode ser argumentado?

2.4.5 Amor e bondade.

- *A expressão do amor e da bondade é sempre produtiva. Num contexto organizacional, o amor significa uma reação positiva intensa aos colegas de trabalho, grupos e/ou situações. Uma organização "com coração" permite o amor, a compaixão e a bondade entre as pessoas.*

- Mais uma vez, o amor e a bondade são altamente filosóficos e até espirituais. Como é que isto pode ser implementado na tecnologia? Um dos elementos está relacionado com as questões de IHC: como podem os componentes de IHC ser ajustados para ter em conta o amor e a bondade? Que outros elementos podem ser utilizados para este objetivo? Quais são os estudos de caso sobre esta questão do "amor e da bondade"? Como é que a tecnologia pode ajudar uma organização a alcançar a compaixão e a bondade entre os seus funcionários/colaboradores?

- O sistema/tecnologia pode ser utilizado para fingir amor e bondade no sistema/plataforma da tecnologia? Esse amor e bondade falsos podem ser utilizados para enganar os trabalhadores, dando-lhes falsas esperanças, etc.? Existem estudos de caso sobre esta questão de enganar as pessoas no trabalho?

2.4.6 Coragem e integridade.

- *É importante ter a coragem de atuar com ética e integridade. Estas qualidades impelem-nos a agir de forma correcta sem ter em conta as consequências pessoais, mesmo quando é difícil e requer benevolência.*

- Como é que a tecnologia permite a coragem de agir eticamente e com integridade? Como é que essas disposições evoluíram com o tempo e ao longo das sucessivas gerações da tecnologia? Apresente alguns estudos de casos sobre esta matéria. Como é que as disposições do sistema facilitam a tomada de decisões difíceis? Como é que o sistema/tecnologia conduz subtilmente à benevolência para com a sociedade? Como é que as pessoas/empregados/empregadores percepcionam os elementos de coragem, integridade e benevolência na tecnologia? Como é que estas percepções evoluíram ao longo do tempo? Como é que esta noção de "coragem e integridade" afecta as pessoas a nível individual?

Capítulo 3: A ética profissional e o local de trabalho.

3.1 Resumo da ética profissional.

- *Falamos frequentemente de ética no trabalho e da contribuição dos trabalhadores para o sucesso de uma organização. É importante compreender o que se entende por estas questões e por que razão algumas organizações têm melhores culturas de trabalho do que outras.* De que forma é que a tecnologia permite/capacita ou impede os trabalhadores de contribuírem para o sucesso de uma organização? Como é que a tecnologia influencia as questões a considerar na ética do trabalho? Como é que a tecnologia ajuda a melhorar/degradar a cultura de trabalho organizacional?

- As organizações modernas precisam de considerar algo específico para reavivar as suas culturas de trabalho? Como é que a tecnologia se enquadra nas considerações para reavivar a cultura de trabalho de uma empresa? Como é que a tecnologia influencia as culturas de trabalho em diferentes comunidades e países? O que se pode observar no quadro geral resultante das influências da tecnologia na cultura do trabalho? Quais são as opiniões predominantes das pessoas sobre o facto de a tecnologia influenciar a ética no trabalho? Quais são as leis gerais prevalecentes em matéria de influência da tecnologia na ética do trabalho?

3.2 O que é a ética profissional?

3.2.1 Resumo da ética profissional.

- *O dilema da "ética no trabalho" é omnipresente, mas passou a estar no centro das atenções a partir da viragem do milénio, quando surgiram escândalos que afundaram organizações inteiras, como os associados à Enron e à Worldcom. A ética tornou-se agora uma disciplina obrigatória em muitos cursos profissionais. Ainda assim, as pessoas consideram desconcertante enfrentar os desafios a que chamam "ética do trabalho".*

- Como é que a tecnologia contribuiu para a "ubiquidade" do dilema da "ética do trabalho"? Ou será que a tecnologia traz soluções para o problema da ubiquidade da "ética do trabalho"? Poderá esta ubiquidade ser bem delimitada pelos investigadores das ciências sociais/sociologia ou mesmo na perspetiva da tecnologia? Por outras palavras, como é que os investigadores, até agora, definiram a ubiquidade da "ética do trabalho"?

↓ Faça um resumo de alguns casos de escândalos ocorridos nos últimos dois séculos em que a "ética do trabalho" é um dos agentes causadores, especialmente quando se trata de tecnologia. Quais foram as opiniões predominantes das pessoas sobre esses escândalos? Ou será que a tecnologia poderia ter ajudado a evitar esses escândalos, pelo menos em certa medida?

↓ Será que o estudo da ética, que está a ser tornado obrigatório em muitos cursos profissionais, engloba bem o conhecimento e as peculiaridades éticas da tecnologia?

↓ Porque é que as pessoas continuam a ter dificuldade em enfrentar os desafios da "ética do trabalho"? Será por causa da tecnologia? Ou será por causa da síntese da tecnologia com outras tecnologias? Será que a tecnologia provoca alguma forma de fobia nas pessoas?

3.2.2 A criação do conceito de ética no trabalho.

↓ *Max Weber cunhou pela primeira vez o termo "ética do trabalho" em 1904. Dizia que, independentemente de se ser cortador de lenha ou agricultor, era possível encontrar consolo se se cumprisse o dever na perfeição. Existem virtudes genuínas como o trabalho árduo, a frugalidade, a honestidade, a perseverança e a integridade que constituem o núcleo da "ética do trabalho".*

↓ Existem outros investigadores desde essa altura que tenham trabalhado em terminologias e sequências de definições semelhantes às da "ética do trabalho"? Estas investigações foram melhoradas com os progressos tecnológicos? Como é que a noção de "trabalho perfeito" evoluiu ao longo do tempo desde 1904? Como é que cada uma das seguintes características pode ser favorecida pela tecnologia?

     i.   Trabalho árduo.

    ii.   Frugalidade.

   iii.   Honestidade.

   iv.   Perseverança.

    v.   Integridade.

+ Na sequência desta assistência tecnológica, como é que as opiniões das pessoas/empregados/empregadores foram alteradas relativamente a cada uma das 5 características acima referidas? Sucessivamente, quais foram as consequências no mercado empresarial após a imersão das influências tecnológicas nos valores fundamentais da ética? Como é que os sistemas de ensino têm vindo a mudar progressivamente desde então?

3.2.3 Sentido de auto-sacrifício e dedicação.

+ *Todos os valores incluídos no conjunto da "ética do trabalho" exigem um certo grau de auto-sacrifício ou de dedicação à tarefa.*

+ Como é que a noção de auto-sacrifício e dedicação das pessoas tem evoluído ao longo da tecnologia e das sucessivas gerações da tecnologia? Como é que as leis que regulam a noção de auto-sacrifício e dedicação têm vindo a evoluir ao longo da tecnologia?

+ Como é que as características dos trabalhadores acima mencionadas, bem como a abnegação e a dedicação, foram recebidas pela direção nos diferentes países?

3.3 Algo maior do que o eu.

3.3.1 Resumo de algo maior do que o eu.

+ *Quando uma organização quer falar sobre as questões relacionadas com a ética no trabalho, os seus colaboradores têm de começar por perguntar como é que a cultura organizacional está a contribuir. As pessoas só darão o seu melhor incondicionalmente quando se dedicarem a uma causa em que acreditam. Têm de ver algo que é maior do que elas.*

+ Como é que a tecnologia incentiva as pessoas a falar sobre questões relacionadas com a ética no trabalho? Como é que a tecnologia permite que as pessoas acompanhem a cultura organizacional e a sua contribuição para a ética no trabalho? Esta informação monitorizada é tornada pública ou é mantida privada? Quais são os estudos de caso pertinentes sobre esta matéria?

+ Quais são os meios fornecidos pela tecnologia para permitir que as pessoas dêem o seu melhor incondicionalmente quando trabalham?

Como é que as pessoas/empregados percepcionam esta noção de dar o seu melhor?

🔸 A tecnologia contribui para a formulação de uma causa em que os funcionários acreditam, ou seja, faz com que os funcionários vejam algo maior do que eles? Seguem-se alguns elementos que podem servir este objetivo:

  o Fazer uma empresa sobreviver.

  o Fazer viver uma família.

  o Serviço ao grande público.

  o Servir as pessoas é servir Deus.

Existem mais elementos deste género que são trazidos para a ribalta pela tecnologia? Quais são as opiniões predominantes das pessoas sobre estes ditados populares? De um modo geral, como é que estes ditados evoluíram e foram aplicados ao longo do tempo, em várias organizações e países?

3.3.2 Definição de visões, missões e estratégias.

🔸 *As organizações precisam de definir as suas visões, missões e estratégias, que motivam as pessoas. É conhecida como a "intenção benevolente" da organização.*

🔸 De que forma e em que medida pode a tecnologia ajudar a definir a visão, a missão e as estratégias da organização para motivar as pessoas? Quais são os casos de estudo sobre esta matéria?

🔸 Quais são os outros meios e características da tecnologia que contribuem para a "intenção benevolente" de uma organização? Como é que a tecnologia pode ser utilizada para avaliar a correção e a validade da visão, da missão e das estratégias de uma organização? Como pode a tecnologia ser utilizada para avaliar o sucesso da motivação adequada das pessoas para trabalharem corretamente? Como é que a tecnologia ajuda a reavivar frequentemente este elemento de motivação nos empregados e nas equipas de gestão?

🔸 Haverá casos em que a tecnologia falhou efetivamente a "intenção benevolente"? Ou será que esta situação se deve a uma geração específica da tecnologia ou a uma combinação de tecnologias específicas?

* As pessoas motivadas encontram frequentemente paixão pelo trabalho, com a intenção de fazer com que a sua organização atinja os seus objectivos, de apoiar os seus pares e a organização para o sucesso, de capacitar os seus jovens e de se desenvolverem.

* Como é que a tecnologia pode apoiar cada uma das boas intenções dos trabalhadores acima referidas? Ou será que a tecnologia coloca obstáculos em vez de dar apoio? Quais são os estudos de caso sobre esta questão do apoio ou dos obstáculos da tecnologia às boas intenções dos trabalhadores acima referidas? Qual é a opinião das pessoas sobre esta questão da sua capacitação para o cumprimento das boas intenções?

3.3.3 Trabalhar para um objetivo maior.

* *Quando os trabalhadores sentem que estão a trabalhar para um objetivo maior, procuram automaticamente maximizar a sua própria contribuição. Sentem a importância da sua contribuição para a organização. Não sentirão que estão a trabalhar apenas para serem compensados e que é uma grande conquista para a organização.*

* O sistema/tecnologia pode fazer com que as pessoas sintam que estão a trabalhar para um objetivo maior? Como é que a tecnologia pode ser orientada para fazer com que as pessoas sintam a sua importância numa organização? Como é que a tecnologia pode ser orientada para fazer com que as pessoas sintam que estão a trabalhar não apenas por uma questão de compensação?

3.4 Realização de negócios pessoais durante o horário de expediente.

3.4.1 Resumo da condução de assuntos pessoais durante o horário de expediente.

* *Os trabalhadores passam muito tempo a viajar, seja de autocarro, carro, carrinha, riquexó ou mesmo de moto. Os trabalhadores passam a maior parte das suas horas semanais no trabalho de escritório.*

* Como é que a tecnologia influenciou as deslocações dos trabalhadores para o trabalho? Pode incluir despertadores em telemóveis, assistente de viagem GPS e outras câmaras e assistência baseada na Internet. Proporcionar um debate aprofundado sobre esta questão, com referência à ordem cronológica de aparecimento das diferentes gerações e mesmo variantes da tecnologia e ao seu impacto nas particularidades das deslocações dos trabalhadores para o local de trabalho. Como é que as

pessoas/trabalhadores percepcionam o papel e a importância da tecnologia para as suas deslocações? Existem algumas características indesejáveis da tecnologia durante as deslocações, como o facto de os gestores espiarem as actividades dos trabalhadores, etc.? Pode a tecnologia ser utilizada para causar algum tipo de dano à noção de deslocação para o trabalho? Ou há danos que podem ser causados inadvertidamente pela utilização da tecnologia no que respeita às deslocações? Quais são as posições legais sobre a utilização da tecnologia para assistência em viagem? Quais são as posições dos sindicatos dos trabalhadores nesta matéria nos diferentes países? Que funcionalidades da tecnologia ainda permanecem no domínio do desejável/necessário mas ainda não alcançado no que respeita à ética dos transportes?

- Como é que a tecnologia influenciou o tempo que os empregados passam no seu trabalho de escritório? Como é que esta caraterística variou ao longo do tempo com as sucessivas gerações da tecnologia? De um modo geral, como é que a tecnologia, ao longo das suas múltiplas gerações, alterou os locais de trabalho em todo o mundo? Há danos que possam ser causados, de propósito ou inadvertidamente, pela tecnologia no local de trabalho? A tecnologia provoca alguma perturbação no equilíbrio de poder entre as várias hierarquias de trabalhadores no local de trabalho? Descrever em pormenor as posições jurídicas sobre a utilização da tecnologia no local de trabalho e os diferentes poderes que ela implica? Quais são as considerações dos sindicatos dos trabalhadores sobre a utilização da tecnologia no local de trabalho? Que funcionalidades da tecnologia são desejadas pelos trabalhadores mas ainda não foram alcançadas no que respeita à ética no local de trabalho?

3.4.2 A tentação de tratar de assuntos pessoais durante o horário de expediente.

- *Por vezes, os trabalhadores podem sentir-se tentados a tratar de assuntos pessoais durante o horário de trabalho.* De que forma é que a tecnologia permite aos empregados tratar de assuntos pessoais no local de trabalho? É suposto a tecnologia dissuadir os empregados de tratarem de assuntos pessoais no local de trabalho? Como é que a tecnologia pode atingir este objetivo? Apresente um relatório sobre estudos de casos relevantes sobre esta matéria. Quais são as diferentes formas de negócios privados que têm sido relatadas como tendo sido efectuadas nos escritórios? Como é que a tecnologia alterou as formas de comunicação no local de trabalho para sustentar os negócios privados?

+ *O dilema é bastante claro: os trabalhadores estão a abusar do seu empregador.* Como é que a tecnologia ajuda a decidir se um abuso é aceitável ou não, uma vez que formas de abuso como telefonar a médicos podem ser consideradas necessárias? As características dos abusos aceitáveis podem incluir a frequência, a duração, a gravidade nos termos da lei, a idade do trabalhador, o estado civil, etc. Existem outras características relevantes para este estudo? Qual a influência da tecnologia em cada uma dessas características identificadas? Em que medida a tecnologia facilita a correção/remediação de tais abusos no local de trabalho?

3.4.3 Regra de ouro.

+ *A regra geral é consultar os gestores ou supervisores de RH para ter uma ideia do que é considerado uma infração de acordo com a política da empresa.*

+ Como é que a tecnologia pode ser utilizada pelos empregados para saber o que é considerado uma infração numa empresa? Como é que a tecnologia pode ser utilizada para evitar tais abusos? Como é que a tecnologia pode ajudar os gestores ou supervisores a controlar os empregados no que diz respeito à condução de assuntos pessoais durante o horário de trabalho?

+ Como é que a tecnologia pode ser utilizada para evitar abusos durante o horário de trabalho? Como é que a tecnologia pode ser utilizada para evitar esses abusos por parte dos gestores e mesmo dos supervisores no local de trabalho?

+ É possível digitalizar o método de contabilização de um abuso como infração? Existem estudos de caso e progressos na investigação sobre esta matéria?

+ Existem métodos de prevenção desses abusos que sejam equivalentemente fáceis e aplicáveis a partir de outras tecnologias? O que é que se pode dizer sobre a viabilidade e o custo global da implementação dessa prevenção de abusos na tecnologia nos locais de trabalho? Quais são as opiniões dos gestores sobre esta questão?

3.5 Aceitar crédito pelo trabalho de outros.

3.5.1 Dificuldade em receber crédito pelo trabalho de outros.

- *Muitas vezes, os trabalhadores têm de trabalhar em equipa para criar campanhas de marketing, desenvolver novos produtos para venda ou aperfeiçoar serviços criativos, mas nem todos os elementos de um grupo contribuem igualmente para o produto final. Se dois membros de uma equipa de três pessoas fizeram todo o trabalho, isso significa que essas duas pessoas têm de exigir receber os devidos créditos, salientando que o membro em causa não fez nada.*

- Como pode a tecnologia ser aplicada para fazer/facilitar os empregados a trabalhar em equipa? Como é que o sistema ajuda a gerir o trabalho em equipa? Quais são as percepções dos trabalhadores sobre o sistema de gestão do trabalho em equipa? Como é que o sistema/tecnologia ajuda a equilibrar a qualidade e a quantidade de contribuições de cada empregado? Como é que a tecnologia pode ser aplicada para creditar corretamente os colaboradores pelas suas contribuições? O sistema/tecnologia pode ser aplicado para formular corretamente a composição da equipa? A sofisticação do sistema/tecnologia está a prejudicar as contribuições humanas no local de trabalho? Isto pode incluir a IA, a inteligência ambiental, a automatização, etc. O sistema adopta medidas de retaliação contra as pessoas com contributos insuficientes? Como é que os registos das contribuições dos trabalhadores influenciam a gestão a longo prazo das empresas? Como é que os sindicatos dos trabalhadores encaram a questão da tecnologia de gestão do trabalho em equipa em diferentes países? Que novas formas de actividades que requerem trabalho de equipa surgiram devido à tecnologia?

3.5.2 Destacar os colegas de trabalho ou assumir uma quota-parte igual de honra.

- *Esta é uma questão muito simples mas espinhosa. Destacar os colegas de trabalho de forma negativa pode estimular a antipatia. O mesmo poderia acontecer se todos os trabalhadores aceitassem uma quota-parte igual de honra, mesmo que apenas alguns fizessem o trabalho real.*

- Que outras repercussões sentem os trabalhadores pelo facto de a tecnologia não lhes dar o devido crédito pelas suas contribuições?
- O sistema/tecnologia pode preparar os trabalhadores para receberem uma parte igual das honras pelas suas contribuições?
- Qual é a opinião dos trabalhadores sobre o facto de serem discriminados? Quais podem ser as acções rancorosas que os empregados que foram destacados podem tomar no sistema? O sistema dispõe de meios para localizar esses empregados vingativos?

3.5.3 Prevenir o problema.

- *A melhor forma de resolver este tipo de problemas é não deixar que aconteçam em primeiro lugar. Os membros da equipa devem garantir que todos os membros da equipa executam algumas tarefas para ajudar a concluir um projeto.*
- Quais são as características da tecnologia que permitem a prevenção deste problema? Existem estudos de casos e relatórios sobre os níveis de sucesso dessas características da tecnologia na prevenção de tais problemas?
- Como pode o sistema garantir que todos os membros de uma equipa executam algumas tarefas? Como pode a tecnologia/sistema ser utilizada para formar uma equipa coesa, cooperante e abrangente desde o início? Existem relatórios sobre o nível de sucesso da tecnologia nesta matéria? Informe também sobre os fracassos correspondentes.
- Existem outras tecnologias que possam ajudar estrategicamente nesta matéria? Como é que os gestores percepcionam a utilização da tecnologia para fins de prevenção?

3.6 Comportamento de assédio.

3.6.1 O que fazer quando se é testemunha de assédio.

- *Muitas vezes, os trabalhadores não compreendem o que devem fazer se virem um dos seus colegas de trabalho a assediar outro, quer mental, sexual ou fisicamente.*
- A tecnologia fornece meios para identificar atitudes e actos de assédio, sejam eles mentais, sexuais ou físicos? Esses meios estão bem alinhados

com a cultura e as tendências comportamentais no local de trabalho? Existem conflitos entre os meios tecnológicos de deteção de tais comportamentos de assédio e as opiniões das pessoas? Existem directrizes bem estabelecidas para qualificar um comportamento como assédio? Estas directrizes podem ser facilmente programadas e automatizadas na tecnologia ou como complementos? Existem estudos de caso relevantes e níveis de progresso documentados no que respeita aos meios de deteção de comportamentos de assédio? De que forma é que esses meios na tecnologia contribuem para a segurança global dos trabalhadores? Quais são as posições jurídicas sobre as disposições tecnológicas para detetar e monitorizar comportamentos de assédio no local de trabalho? Quais são as opiniões dos sindicatos dos trabalhadores sobre esta matéria? Poderão as pessoas, em última análise, confiar na tecnologia para a deteção/monitorização de comportamentos de assédio no local de trabalho?

3.6.2 Os trabalhadores preocupam-se com os seus empregos.

- *Os trabalhadores têm de se preocupar com os seus empregos quando tentam denunciar um superior hierárquico por assédio. Podem recear ser rotulados de desordeiros se denunciarem um comportamento inadequado.*

- A tecnologia inspira ou causa algum receio entre os funcionários de denunciar um superior por qualquer assédio? A tecnologia inspira ou causa algum receio entre os funcionários de denunciarem colegas por assédio? Ou será que a tecnologia facilita esta funcionalidade de denúncia? A tecnologia contribui de alguma forma para rotular alguém como causador de problemas? A tecnologia tem outras características de rotulagem/marcação que não são normalmente apreciadas pelas pessoas? Essa possível rotulagem é planeada ou esses estatutos são atingidos inadvertidamente? Informe sobre a extensão de cada um dos lados. Até que ponto esta forma de medo é reconhecida e até apoiada pelos sindicatos dos trabalhadores? Existem estudos de casos em que este receio dos trabalhadores possa ser validado? A que outros medos pode este receio de perda de emprego chegar? Como é que esta caraterística da tecnologia molda o ambiente de trabalho global em diferentes países?

Como é que esta sequência de estudo se estende aos gestores intermédios que reportam aos gestores de topo?

⬇ Quais são as preocupações da tecnologia relativamente ao julgamento/qualificação dos padrões de comportamento como inadequados? Qual é o estado atual da tecnologia para avaliar os padrões de comportamento dos trabalhadores? Quais são as direcções de investigação correspondentes sobre esta matéria?

3.6.3 Elaborar o Manual do Empregado da Empresa.

⬇ *A melhor maneira de o fazer é através dos membros do pessoal, que geralmente elaboram o manual do trabalhador da empresa. Cabe-lhes dizer aos trabalhadores que não serão penalizados se denunciarem comportamentos de assédio ou acções inadequadas.*

⬇ Como é que a tecnologia/sistema ajuda a elaborar o manual do trabalhador? Como é que os membros do pessoal utilizam a tecnologia para elaborar ou mesmo aperfeiçoar o manual do trabalhador? Mais uma vez, quais são as preocupações dos vários sindicatos dos trabalhadores relativamente a esta questão?

⬇ A tecnologia levou ao desenvolvimento de outras formas de lidar com a situação para além das mencionadas acima? Ou será que foram incorporadas outras peças de tecnologia para o efeito?

⬇ A tecnologia pode incorporar a experiência e os conhecimentos de outras empresas e fontes na formulação e aperfeiçoamento do manual do trabalhador da empresa?

⬇ Como é que a tecnologia pode ajudar a reforçar a noção e a aplicação de dizer aos trabalhadores que não serão penalizados por denunciarem comportamentos de assédio ou acções inadequadas? Existem estudos de caso relevantes sobre esta matéria? Até que ponto esta posição é convincente? Quais são os pareceres relevantes dos sindicatos dos trabalhadores sobre esta matéria?

3.6.4 Necessidade de provas de assédio.

⬇ *A denúncia deste tipo de comportamento assediante deve normalmente ser acompanhada de provas que a fundamentem. O autor da denúncia deve ser impedido de abusar desse poder.*

+ Como é que a tecnologia pode apoiar a recolha de provas para qualquer denúncia de assédio? Pode a tecnologia ajudar a avaliar a validade das provas fornecidas? Quais são os fundamentos que a tecnologia utiliza para esta avaliação? Como é que a tecnologia pode ser ajustada para evitar abusos na atribuição de poderes?

3.7 As soluções para os dilemas do local de trabalho.

3.7.1 Tratamento de questões morais e baseadas em valores.

+ *As questões morais e baseadas em valores no local de trabalho são muitas vezes difíceis de resolver quando os trabalhadores têm de escolher entre o certo e o errado de acordo com os seus próprios princípios.*

+ As questões morais e baseadas em valores, especialmente quando são transferidas para a tecnologia, já foram discutidas no primeiro capítulo desta brochura. No entanto, é possível que tais dilemas possam ser ajudados ou agravados pela utilização de tecnologias. Existem estudos de caso sobre o assunto relacionados com a tecnologia? Destacar as opiniões dos trabalhadores sobre o assunto. Como é que as disposições legislativas actuais abordam a questão?

3.7.2 Preparação dos trabalhadores inteligentes para lidar com questões relacionadas com o local de trabalho.

+ *Os funcionários inteligentes que sabem como implementar políticas de ética no local de trabalho estão geralmente bem preparados para os potenciais conflitos de interesses, opiniões, valores e cultura na força de trabalho.*

+ Como é que a tecnologia contribui para tornar os empregados inteligentes? De que forma pode a tecnologia contribuir para educar os trabalhadores sobre a ética no local de trabalho? Como é que a tecnologia afecta os seguintes aspectos?

  i. Potenciais conflitos de interesse.
  ii. Opiniões dos trabalhadores.
  iii. Valores dos trabalhadores.
  iv. Cultura dos empregados.

- Quais são as opiniões predominantes dos trabalhadores e dos gestores sobre esta matéria? Apresentar um relatório sobre estudos de casos sobre esta matéria?

- Como tem sido a evolução destas 4 características ao longo das sucessivas gerações da tecnologia? Como se espera que seja o futuro destas características ao longo da evolução da tecnologia?

3.7.3 Abordagens firmes e cautelosas para lidar com questões relacionadas com o local de trabalho.

- *No entanto, a gestão de questões éticas exige uma abordagem firme e cautelosa de assuntos que podem ser potencialmente perigosos ou ilegais. Normalmente, os problemas devem ser evitados antes de se tornarem problemas jurídicos graves.*

- A tecnologia oferece meios para abordagens estáveis e cautelosas de questões sensíveis em matéria de ética no local de trabalho? Como era o caso com as gerações anteriores da tecnologia? Como é que se espera que as características das gerações futuras sigam este raciocínio? Existem estudos de caso relevantes sobre estas questões? Como é que os trabalhadores percepcionam a utilização da tecnologia na gestão de questões éticas no local de trabalho? Existem situações em que a utilização da tecnologia tenha piorado a situação? A tecnologia pode ou foi alguma vez utilizada para fabricar problemas éticos que anteriormente não existiam? Os problemas potencialmente perigosos ou ilegais no local de trabalho são bem compreendidos e bem delimitados, especialmente quando se consideram questões relacionadas com a tecnologia?

- O sistema ajuda a prevenir os problemas numa fase precoce, antes de se tornarem problemas graves? Em caso afirmativo, em que medida é bem sucedido nesse objetivo? Em caso negativo, em que medida é que falhou? Como se prevê a evolução desta faceta no futuro?

3.8 Desenvolver a política do local de trabalho.

3.8.1 Etapa 1: Documentar as questões.

- *Desenvolver uma política para o local de trabalho em função da filosofia da empresa, da declaração de missão e das orientações de conduta.*

Normalmente, as políticas de Garantia de Qualidade (GQ) podem ajudar.

Como é que a tecnologia pode ajudar a desenvolver uma política do local de trabalho que incorpore a filosofia, a declaração de missão e a orientação de conduta da empresa? Como é que a tecnologia pode ajudar a incorporar as políticas de GQ no desenvolvimento da política do local de trabalho? Existem exemplos de empresas que tentaram adotar uma tal política no local de trabalho com a ajuda da tecnologia? Informe também sobre os seus níveis de sucesso. Como é que os trabalhadores percepcionam o sucesso das suas políticas correspondentes no local de trabalho em ligação com a tecnologia? Como é que os organismos externos, como os organismos de auditoria e os organismos reguladores, percepcionam a importância da política a nível do local de trabalho que acompanha a tecnologia? Existem alguns resultados indesejáveis resultantes da política a nível do local de trabalho devido à tecnologia?

⊥ *Incorporar a política no programa de gestão do desempenho para responsabilizar os funcionários pelas suas acções.*

Como é que a tecnologia pode ser utilizada para incorporar a política no programa de gestão do desempenho de uma empresa? Existem estudos de caso, quer em países desenvolvidos quer em países em desenvolvimento, sobre a utilização da tecnologia para incorporar a política a nível do local de trabalho no programa de gestão do desempenho das empresas? Qual foi o sucesso (ou fracasso) dessas tentativas até à data? Como é que se espera que esta caraterística evolua no futuro?

Como pode a tecnologia ser utilizada para responsabilizar os trabalhadores pelas suas acções no local de trabalho? Esta funcionalidade é uma abordagem automatizada ou requer intervenção humana? Qual foi o êxito desta funcionalidade nas empresas líderes? Como se espera que evolua no futuro? Quais são as preocupações dos sindicatos dos trabalhadores nesta matéria?

⊥ *Alertar os trabalhadores para a sua responsabilidade de seguir normas profissionais no desempenho das suas funções e na interação com os seus pares e supervisores.*

Como é que a tecnologia pode ser utilizada para alertar corretamente os empregados para as suas responsabilidades de seguir normas profissionais no desempenho das suas funções? Em que medida é que esta funcionalidade tem sido bem sucedida nos locais de trabalho de várias empresas? Relate os estudos de casos relevantes. Como é que os trabalhadores se sentem em relação à tecnologia utilizada para os alertar/educar sobre as suas responsabilidades no local de trabalho? As empresas violaram alguma lei ao utilizarem a tecnologia neste sentido? Quais são as posições dos sindicatos dos trabalhadores sobre esta matéria? O sistema de alerta dos trabalhadores sobre esta matéria é melhor quando incorporado noutras tecnologias?

🔸 *Rever o manual do empregado para incluir qualquer política em falta e fornecer os manuais revistos aos empregados.*

Quais são as disposições da tecnologia para a revisão dos manuais dos trabalhadores? Pode ser efectuada de forma automatizada ou requer intervenção humana? Com que frequência e exatidão é que a tecnologia permite a revisão dos manuais dos trabalhadores? Existem estudos de caso relevantes sobre esta matéria? Qual o grau de sucesso da tecnologia na identificação de políticas em falta no manual do trabalhador? Em que medida está a tecnologia equipada para fornecer sugestões de melhoria das políticas para os manuais dos trabalhadores revistos? Como é que a tecnologia ajuda na gestão das versões dos manuais dos trabalhadores? A tecnologia ajuda a validar corretamente os requisitos das políticas formuladas e mesmo as novas políticas propostas? Como é que a legislação existente apoia esta noção de revisão dos manuais dos trabalhadores? Quais são as perspectivas dos trabalhadores e dos sindicatos sobre a questão da revisão dos manuais dos trabalhadores? Esta atividade de revisão dos manuais dos trabalhadores gera alguma desvantagem ou mesmo situações indesejáveis/previstas para os trabalhadores ou mesmo para a empresa?

🔸 *Obter o reconhecimento por escrito dos empregados de que receberam e compreenderam a política de ética no local de trabalho.*

Como é que a tecnologia garante que a política de ética no local de trabalho é bem distribuída a todos os funcionários? Como é que a tecnologia garante que todos os trabalhadores reconhecem ter recebido e compreendido a política de ética no local de trabalho? Como é que essas gravações são efectuadas na empresa? Como é que o sistema/tecnologia ajuda a educar os trabalhadores sobre as políticas de ética? Quais são as características das políticas de ética no local de trabalho para as empresas multinacionais? Como é que os trabalhadores percepcionam este método de distribuição e reconhecimento pelos trabalhadores da política de ética no local de trabalho através da tecnologia?

3.8.2 Etapa 2: Formação e orientação para a manutenção dos valores.

⬥ *Fornecer formação sobre ética aos empregados.*

Como é que a tecnologia ajuda a conceber e a dar formação sobre ética aos trabalhadores? Como é que os trabalhadores e os seus sindicatos encaram esta formação sobre ética no local de trabalho? Como é que esta caraterística é regulamentada por lei? Como é que essa formação e esse conhecimento variam nos diferentes países?

⬥ *Fornecer instruções para aprender a abordar e resolver dilemas éticos.*

As considerações relativas à aprendizagem já foram abordadas em algumas secções anteriores, pelo que não serão aqui reconsideradas. Como é que a tecnologia pode ajudar a avaliar a eficácia da aprendizagem?

Como é que a tecnologia ajuda a resolver dilemas éticos no local de trabalho? Embora este elemento tenha sido estudado nas secções anteriores, é bom que se destaquem as características da tecnologia que ajudam neste sentido. Informe também sobre as futuras evoluções da tecnologia e sobre outras tecnologias que se revestem de particular importância nesta matéria. Apresentar igualmente um relatório sobre as características das tecnologias atualmente concorrentes nesta matéria.

⬥ *A Aprendizagem Experiencial, ou dramatização, pode ser utilizada como uma forma eficaz de facilitar a formação em ética no local de trabalho.*

Como é que a tecnologia apoia este elemento de aprendizagem experimental? Pode ser através de vídeo-conferência, tecnologias holográficas e quaisquer outras tecnologias emergentes. Qual é a recetividade dos empregados em relação à assistência tecnológica para a aprendizagem experimental? Qual é a recetividade dos sindicatos dos trabalhadores a este respeito? Informe também sobre quaisquer conflitos que tenham ocorrido entre os sindicatos dos trabalhadores e a direção nesta matéria, especialmente no que diz respeito à tecnologia. Como é que a tecnologia ajuda a avaliar e gerir as várias aprendizagens experimentais no local de trabalho? Como é que a tecnologia pode reforçar outras abordagens de aprendizagem?

- *Fornecer exemplos de simulações de ética no local de trabalho, como a apropriação indevida de fundos da empresa, relações impróprias no local de trabalho, etc.*

Como é que a tecnologia pode ajudar na formulação de simulações de cenários de ética no local de trabalho? Como é que a tecnologia incorpora exemplos do ambiente real nas simulações que estão a ser preparadas para o estudo da ética no local de trabalho? Em que medida é que os trabalhadores consideram estas simulações eficazes no seu estudo? Quais são as opiniões pertinentes dos sindicatos dos trabalhadores sobre esta matéria? A preparação de tais simulações é económica e fácil ou é entediante e desencorajadora? Como pode o meio académico ajudar na preparação de tais simulações? Essas simulações são trocadas entre os sectores público e privado de forma eficaz e económica ou são mantidas em segredo? Para além da "apropriação indevida de fundos da empresa" e das "relações impróprias no local de trabalho", que outras características éticas podem ser estudadas em simulações? Quais são as perspectivas futuras do estudo da ética através de simulações?

3.8.3 Etapa 3: Adoção de medidas eficazes.

- *Designar um executivo responsável pelo tratamento das preocupações dos trabalhadores em matéria de ética no local de trabalho.*

Quais são os meios de assistência que a tecnologia pode fornecer para selecionar um executivo encarregado de tratar das preocupações éticas dos trabalhadores no local de trabalho? Quais são os critérios que podem ser utilizados pela tecnologia neste sentido? Quais são as ferramentas para ajudar um atual responsável executivo nas suas funções? Como é que esta atividade pode ser monitorizada e avaliada com o apoio da tecnologia? Como é que a tecnologia pode facilitar a passagem da função de responsável executivo pela ética no local de trabalho de um antecessor para o correspondente sucessor da função? Quais são as opiniões predominantes de pessoas que ocuparam anteriormente esses cargos? Quais são as preocupações dos sindicatos dos trabalhadores relativamente à utilização da tecnologia no desempenho das funções de responsável executivo pelas questões de ética no local de trabalho? Quais são as leis pertinentes que regulam a utilização da tecnologia para ajudar nas questões de ética nos locais de trabalho? Como é que a tecnologia pode ajudar na recolha de experiências sobre várias situações relacionadas com a ética no local de trabalho e sobre os vários métodos que o responsável executivo aplicou para resolver essas questões? Poderá esta recolha de experiências ajudar na construção de simulações para a educação sobre ética? Como é que o futuro se desenha atualmente no que diz respeito à utilização da tecnologia para ajudar um executivo designado como responsável pelas questões de ética no local de trabalho? Que outras tecnologias são consideradas necessárias/úteis para ajudar um diretor responsável por questões de ética no local de trabalho?

- *Pense se a sua organização também precisa de uma linha direta sobre ética, um serviço de benefícios confidenciais que os funcionários podem contactar sempre que precisarem.*

Como é que a tecnologia pode ajudar na criação de uma linha direta sobre ética ou de qualquer outro serviço semelhante? Quais são as características necessárias no conjunto de tecnologias para este efeito? Quais são as preocupações legais da linha direta sobre ética num local de trabalho? Que outros meios de apoio, quer a nível da tecnologia quer dos recursos humanos, são normalmente necessários? Existem estudos de caso relevantes sobre a linha direta ética em relação à tecnologia e aos locais de trabalho em diferentes países? Existem relatórios publicados sobre a eficácia e as taxas de sucesso destas linhas directas sobre ética? A tecnologia ajuda na receção da linha direta sobre ética? Como é que os trabalhadores percepcionam a importância desta linha direta sobre ética? Existem estudos de casos em que essas linhas directas sobre ética se revelaram infrutíferas ou até pioraram a situação? Existem diferenças no funcionamento dessa linha direta sobre ética para diferentes categorias de pessoas, como o sexo, a raça, a educação, a dimensão, a língua falada, etc.? Quais são as comodidades para avaliar a eficiência, a aplicabilidade, a relação custo-eficácia e outras métricas do apoio tecnológico da linha direta sobre ética? A que outros serviços, como a polícia, os consultores jurídicos, os psiquiatras, etc., está ligado o serviço da linha direta sobre ética? Como é que se pode prever o futuro desta linha direta sobre ética através da tecnologia? Existem formas de utilização abusiva ou de corrupção destas linhas directas?

🔸 *As linhas directas confidenciais asseguram o anonimato dos trabalhadores, o que constitui uma preocupação para as acções de "denúncia".*

Como pode a tecnologia ajudar a manter o anonimato nas linhas directas confidenciais? Houve estudos de casos de violações dessa confidencialidade do anonimato dos trabalhadores pela tecnologia na sua história? Os trabalhadores e mesmo as chefias confiam na confidencialidade das linhas directas fornecidas? Como pode a tecnologia ser utilizada para manter, monitorizar e avaliar a confidencialidade das linhas directas fornecidas nas empresas? Como é que se espera que as disposições relativas à confidencialidade evoluam no futuro com a tecnologia? O que se pode dizer sobre a relação custo-eficácia e outras métricas de engenharia em torno das disposições de confidencialidade nessas linhas directas? Quais são as preocupações da tecnologia relativamente às acções de "denúncia"? Existem estudos de casos em que a tecnologia foi utilizada como meio de "denúncia de irregularidades" nas empresas?

3.8.4 Etapa 4: O ângulo jurídico e privado.

🔸 *Pesquisar e aplicar a legislação laboral federal, estatal e municipal relativa à denúncia de irregularidades. Normalmente, espera-se que os trabalhadores sejam protegidos por leis adequadas.*

Como é que a tecnologia permite acompanhar as alterações e actualizações das leis em vigor? Quais são as comodidades da tecnologia que permitem a pesquisa de diferentes níveis de legislação, como a legislação federal, estatal, internacional, municipal, laboral e de emprego, relativa à denúncia de irregularidades e outros aspectos éticos? A tecnologia ajuda a detetar e a lidar com leis conflituosas relacionadas com a denúncia de irregularidades? Como é que a tecnologia ajuda a implementar e a cumprir as leis encontradas? Como é que este ângulo jurídico tem vindo a evoluir ao longo dos anos e das sucessivas gerações da tecnologia? Como é que o futuro deste ângulo jurídico deverá evoluir em diferentes países (desenvolvidos, em desenvolvimento e subdesenvolvidos)? Como é que as pessoas e, em especial, os trabalhadores consideram a importância da tecnologia neste domínio jurídico e privado, para ajudar na pesquisa e aplicação de múltiplas formas de legislação para a empresa? Quais são as opiniões dos auditores sobre este assunto?

+ *Abster-se de tomar decisões de suspensão ou rescisão, relacionadas com a denúncia de irregularidades ou quando o direito do empregado estiver protegido por leis ou políticas públicas de denúncia de irregularidades. Normalmente, espera-se evitar retaliações.*

Como pode a tecnologia ser utilizada para delimitar corretamente os casos de denúncia de irregularidades e propor soluções alternativas, em vez de tomar decisões de suspensão, rescisão e outras consequências drásticas? Como é que este elemento de procura de soluções flexíveis tem vindo a evoluir ao longo dos anos ao longo das sucessivas gerações da tecnologia? Existem estudos de casos de retaliações indevidas que não foram evitadas apesar da utilização da tecnologia? Como é que os trabalhadores percepcionam o poder de retaliação das chefias que utilizam a tecnologia?

+ *Procurar aconselhamento jurídico para as denúncias dos trabalhadores sobre questões de ética no local de trabalho que possam aumentar a responsabilidade jurídica da organização.*

Como é que a tecnologia pode ajudar na procura de aconselhamento jurídico? Quais são as várias fontes desse tipo de aconselhamento a que a tecnologia/sistema se pode ligar e utilizar? Como é que a tecnologia pode ser aplicada para melhor formular os relatórios dos trabalhadores sobre a ética no local de trabalho? Como é que a tecnologia pode ser aplicada para contraverificar as denúncias dos trabalhadores e o aconselhamento jurídico proposto sobre questões conexas? Existem estudos de casos relevantes sobre a procura de aconselhamento jurídico sobre questões de ética no local de trabalho através da utilização da tecnologia? Informar sobre os seus níveis de sucesso?

Apresentar um relatório aprofundado sobre as características básicas dos actos jurídicos relativos à denúncia de irregularidades em todo o mundo.

3.8.5 Etapa 5: Manter a norma intacta.

- *Aplicar a política do local de trabalho de forma coerente, ao mesmo tempo que aborda as preocupações dos trabalhadores sobre a ética no local de trabalho.*

    Como é que a tecnologia pode ser aplicada para uma aplicação coerente das políticas no local de trabalho? Como é que esta caraterística evoluiu ao longo dos anos e das sucessivas gerações da tecnologia? Como pode esta aplicação coerente da ética ser melhorada para evitar exclusões/discriminações sociais como o racismo e o género? Como se espera que seja a futura era tecnológica, especialmente no que respeita à aplicação coerente da política de ética no local de trabalho?

- *Utilizar a mesma norma em todas as circunstâncias, independentemente da intenção, da gravidade ou da posição dos trabalhadores envolvidos.*

    As preocupações aqui são muito semelhantes às do ponto acima mencionado.

- *Comunicar as mesmas regras a todos os empregados, quer sejam executivos ou da linha da frente da produção. As regras da empresa devem ser bem enunciadas e compreensíveis para todos. Normalmente, essas regras não devem ser tão complicadas como os documentos legais.*

    Como pode a tecnologia ser aplicada para uma comunicação correcta entre todos os empregados, sejam eles executivos ou da linha da frente? Existem estudos de casos relevantes em que a tecnologia tenha contribuído para uma comunicação correcta entre todos os trabalhadores nas respectivas organizações? Quais são os meios através dos quais a tecnologia ajuda a formular e a rever as regras da empresa para manter padrões elevados? Os empregados e o pessoal da direção estão satisfeitos com o método de comunicação que a empresa aplica através da tecnologia? Quais são as preocupações dos auditores relativamente à tecnologia utilizada para a comunicação na empresa? Existem diferenças na forma como a tecnologia serve para a comunicação na empresa? Existem diferenças na forma como a tecnologia permite a comunicação de regras a várias categorias de trabalhadores nas organizações? Quais são os critérios que a tecnologia aplica para listar corretamente as regras aplicáveis nas empresas? Quais são os meios através dos quais a tecnologia torna as regras publicadas compreensíveis para todos os trabalhadores das empresas?

- *Abordar todas as questões com a mesma interpretação da política da empresa.*

Normalmente, é bastante difícil evitar preconceitos nas empresas, uma vez que as diferenças são características inerentes às empresas. As diferenças incluem trabalhadores seniores versus trabalhadores juniores, concordar versus não concordar em trabalhar a tempo parcial/horas extraordinárias, concordar versus não concordar em trabalhar no estrangeiro, etc. De que forma é que a tecnologia influenciou (agravou ou atenuou) essas diferenças que tendem a conduzir a preconceitos? Como é que os trabalhadores e os gestores percepcionam essas influências nas suas empresas? De que forma é que a tecnologia contribui para uma interpretação igual para todos os trabalhadores? Como é que este apoio à igualdade de interpretação tem vindo a evoluir ao longo das sucessivas gerações da tecnologia? Como é que o futuro deste apoio à igualdade de interpretação ao longo da tecnologia é retratado? Este ângulo de igualdade de interpretação com o apoio da tecnologia conduziu a quaisquer desvantagens/efeitos/consequências indesejáveis nas empresas ou na sociedade? Quais são os custos e os custos ocultos da interpretação assistida pela tecnologia das questões éticas nas empresas?

Capítulo 4: Conclusão.

4.1 Resumo do presente manuscrito.

É lógico e amplamente aceite que a procura de uma ética correcta numa sociedade deve continuar a ser um processo sem entraves, com esforços de muitas partes interessadas na investigação e no desenvolvimento. O mesmo se aplica à tecnologia. Reconhece-se que a ética não pode ser imposta à sociedade, nem as pessoas podem ser obrigadas a utilizar uma determinada tecnologia. Os direitos básicos de liberdade devem ser protegidos. É nesta linha que este estudo se enquadra como uma perspetiva visionária/académica da ética ao longo dos níveis imersivos da tecnologia na nossa vida quotidiana. Trata-se, de facto, da segunda parte de uma publicação anterior [8].

Neste manuscrito, foi apresentado um conjunto de orientações, sob a forma de perguntas, para ajudar os estudantes e investigadores a realizarem os seus próprios estudos sobre as componentes éticas e o local de trabalho ao longo da tecnologia em estudo. O conjunto de perguntas é considerado aberto e não é, obviamente, exaustivo, pelo que podem ser acrescentadas mais perguntas a esta lista para estudo.

4.2 Pressupostos considerados.

Todos os estudos se baseiam geralmente em determinados pressupostos viáveis. Os pressupostos para os leitores deste relatório incluem:

1. Espera-se que os leitores sejam versados em Ética introdutória e, de preferência, em Tecnologia (aqui, isto é fortemente enfatizado, embora não possa ser encaminhado como obrigatório), ou pelo menos sejam estudantes de qualquer uma destas áreas com uma cobertura bastante vasta das suas aplicações.

2. Espera-se que os leitores tenham um espírito aberto e que possam contribuir ainda mais, como investigadores, neste domínio.

3. O trabalho aqui apresentado é orientado para uma visão independente, e não para uma orientação técnica em Ética ou qualquer desenvolvimento orientado para a tecnologia.

4. É possível e recomendada uma análise mais aprofundada das implicações da automatização da ética na tecnologia (como na IA).

5. Análise mais aprofundada das disparidades das taxas de evolução da ética e da tecnologia em estudo.

6. De preferência, é desejável uma visão das publicações anteriores do autor.

4.3 Definição de bases para trabalhos futuros.

O trabalho aqui apresentado abre perspectivas de mais trabalho, incluindo mas não se limitando às seguintes direcções possíveis:

1. Análise mais aprofundada dos princípios da ética empresarial e das suas implicações na tecnologia.

2. Análise de vários investigadores sobre as suas opiniões relativamente a outros princípios da ética empresarial.

3. Análise de estudos de casos de várias empresas do sector tecnológico.

4. Inquérito sobre a perceção dos clientes relativamente à escolha que lhes é oferecida.

5. Análise da evolução do ambiente empresarial em relação às tecnologias emergentes actuais e futuras.

6. Continuação da formulação de questões de estudo noutros temas de ética em ligação com a tecnologia.

O que precede constitui apenas uma lista inexaustiva de possíveis estudos futuros relevantes, apresentados no presente relatório. Outros tópicos relacionados podem ser formulados e abordados em profundidade em estudos futuros.

Os estudos futuros podem também incluir inquéritos de campo e gerações de estatísticas relativas às percepções da ética sobre várias comodidades tecnológicas presentes no mercado, juntamente com a identificação de preconceitos e concepções erradas que muitas pessoas têm em diferentes países e em diferentes contextos, ou mesmo os preconceitos que as peças tecnológicas trazem para o quadro geral da continuidade das empresas mundiais.

Referências

[1]	https://study.com/academy/lesson/history-ethics-overview-timeline-facts-origin.html, último acesso em agosto de 2023.
[2]	**Dr. Galamali Mohammad Kaleem,** "Shifting Business Ethics into Era of Technology - An Academic Perspective for Ethical analysis of biases Possible with AI", **LAP LAMBERT Academic Publishing - membro do grupo OmniScriptum S.R.L Publishing, Moldávia, 27rd agosto de 2023,** ISBN : **978-620-6-78002-1.**
[3]	**Dr. Galamali Mohammad Kaleem,** "Ethics Analysis of 3 "Principles of Business Ethics" in Technology Era - Analysing "Service Before Profit", "Practice of Fair Business" and "Avoiding Monopoly"", **LAP LAMBERT Academic Publishing - membro do grupo OmniScriptum S.R.L Publishing, Moldávia, 13th November 2023,** ISBN : **978-620-6-84504-1.**
[4]	**Dr. Galamali Mohammad Kaleem,** "Ethics Analysis of Fulfilling Customer's Expectation in Technology Era - An Academic Analysis Perspective for Identifying Business Ethics Conflicts and Challenges", **LAP LAMBERT Academic Publishing - membro do grupo OmniScriptum S.R.L Publishing, Moldávia, 21st novembro 2023,** ISBN : **978-620-6-84672-7.**
[5]	**Dr. Galamali Mohammad Kaleem,** "Ethics Analysis of Consumers' Right to Choose in The Technology Era - An Academic Analysis Perspective for Identifying Business Ethics Conflicts and Challenges", **LAP LAMBERT Academic Publishing - membro do grupo OmniScriptum S.R.L Publishing, Moldávia, 04 de janeiro de 2024,** ISBN : **978-620-7-45708-3.**
[6]	**Dr. Galamali Mohammad Kaleem,** "Extending The Right to Choose in The Technology Era - An Academic Analysis Perspectives for People's and Business Needs to Identify Ethics Conflicts/Challenges", **LAP LAMBERT Academic Publishing - membro do grupo OmniScriptum S.R.L Publishing, Moldávia, 10 de janeiro de 2024,** ISBN : **978-620-7-45727-4.**
[7]	**Business Ethics Tutorial (disponível para compra em versão PDF e depois para impressão),** https://www.tutorialspoint.com/business_ethics/business_ethics_pdf_version. htm **, fevereiro de 2022.**
[8]	**Dr. Galamali Mohammad Kaleem,** "Investigating Effects of Technology in Ethics Basics & Applications - An Academic Guidance Perspectives on Method of Studying Effects of Technology onto Ethics", **LAP LAMBERT Academic Publishing - membro do grupo OmniScriptum S.R.L Publishing, Moldávia, 11th março 2024,** ISBN : **978-620-7-47060-0.**

yes
I want morebooks!

Buy your books fast and straightforward online - at one of world's fastest growing online book stores! Environmentally sound due to Print-on-Demand technologies.

Buy your books online at
www.morebooks.shop

Compre os seus livros mais rápido e diretamente na internet, em uma das livrarias on-line com o maior crescimento no mundo! Produção que protege o meio ambiente através das tecnologias de impressão sob demanda.

Compre os seus livros on-line em
www.morebooks.shop

info@omniscriptum.com
www.omniscriptum.com

Printed by Books on Demand GmbH, Norderstedt / Germany